KB037088

아빠, 이런 여행 어때?

내 아이와 여행하는 22가지 방법

아빠, 이런 여행 어때?

부모되는 철학 시리즈 08

초판 1쇄 발행 | 2018년 5월 30일
초판 3쇄 발행 | 2019년 1월 20일

지은이 | 김동옥
발행인 | 김태영
발행처 | 도서출판 씽크스마트
주　소 | 서울특별시 마포구 토정로 222(신수동) 한국출판콘텐츠센터 401호
전　화 | 02-323-5609 · 070-8836-8837
팩　스 | 02-337-5608

ISBN 978-89-6529-181-7 03980

• 원고 | kty0651@hanmail.net

• 이 도서의 국립중앙도서관 출판예정도서목록(CIP)은 서지정보유통지원시스템 홈페이지(http://seoji.nl.go.kr)와 국가자료공동목록시스템(http://www.nl.go.kr/kolisnet)에서 이용하실 수 있습니다.(CIP제어번호: CIP2018009853)

• 씽크스마트 • 더 큰 세상으로 통하는 길
• 도서출판 사이다 • 사람과 사람을 이어주는 다리

아빠, 이런 여행 어때?

그동안 누구를 위해 떠났던 걸까?

내 아이와 여행하는 22가지 방법

김동옥 지음

prologue

오로지 아이만을 위한 여행

“시간은 쏜살같이 흐른다.”
나는 이 말이 무슨 뜻인지 요즘 와서 실감하고 있다.
9년 전, 그토록 바라던 아기가 태어났다. 결혼 3년 만에 얻은 딸이었다.
만지면 부서질 것처럼 작고 연약했던 아기는 뒤집고, 기고, 걷고, 어느새 자기 키보다 더 높은 곳에서도 두려움 없이 뛰어내리는 용감하고 튼튼한 꼬마가 되었다. 그리고 그 아이는 계속해서 성장했다. 어제와 오늘이 달랐다.
얼마 전, 나는 소파에 웅크린 채로 잠든 아이를 침대로 옮기다가 갑자기 우울해졌다. 허리가 비명을 질러대는 통에 더는 아무렇지도 않게 번쩍 들어 올릴 수가 없었기 때문이다. 아이는 숙녀가 되어가고 있었다. 이는 영원할 것만 같았던 아이와 나의 굳센 동맹이 유효 기간 만료를 눈앞에 뒀음을 의미했다. 이제 곧 “같이 놀아요” 하고 조르는 횟수는 점점 줄어들 테고, 아이돌에 열광하며 또래 친구들과 어울리는 날은 그만큼 늘어날 것이다. 그러다가 아이는 자연스럽게 진학과 진로를 고민하는 나이가 될 것이다.
정말이지 “시간은 쏜살같이 흐른다”.
그래도 다행이었다. 우리에게는 5년 넘게 여행을 하며 ‘추억의 섬’에

차곡차곡 쌓아둔 소중한 '핵심 기억'들이 있었다. 그것은 기쁨만이 아니라 슬픔과 두려움과 분노 등 여러 감정이 한데 어우러진, 〈인사이드 아웃〉의 라일리에게 그랬던 것처럼 순간순간 우리를 성장시켜온 기억들이었다.

아이가 원하는 여행

사실 아이가 아주 어렸을 때만 해도 우리 가족의 여행은 보통의 가족들과 다를 바 하나 없었다. 나는 여행 칼럼을 써서 여러 매체에 기고하는 사람이다. 여행이 직업인 셈이다. 밥벌이라는 현실 안에서의 여행은 그리 낭만적이지 않다. 일단 떠나면 반드시 지면에 담길 이야기와 사진을 건져 와야 한다. 그래서 밥벌이와는 무관한 가족여행을 떠날 때면 되도록 일을 만들려고 하지 않았다. '내가 아는 정보 한에서 멋진 풍경을 보고, 맛있는 것을 먹고, 편안히 쉬다가 일상으로 돌아오는 것'이 내가 할 수 있는 최선의 가족여행이라고 여겼다. 아내가 그런 여행에 만족했는지는 모르겠다. 하지만 결코 아이가 바라는 여행은 아니었다. 아이는 시큰둥해했다. 이따금 아이가 이러저러한 체험을 해볼 수 있는 곳으로 여행을 떠나기도 했다. 그러나 상품화된 체험은 전형적인 데다 참여 시간도 짧고 대부분 수박 겉 핥기 식이어서 아이는 그 또한 썩 즐거워하지 않았다. 슬프게도 여행은 아이에게 '핵심 기억'을 심어주지 못했다.
무엇이 문제였을까? 풍경, 맛, 뭔지도 모르고 하는 체험 따위는 아이의 관심사가 아니었다. 아이가 원하는 것은 간단했다. 자신이 주인공이 되는 여행, 재미있게 놀 수 있는 여행이었다.

그래서 나는 진정으로 아이를 위한 여행을 떠나기로 했다. 평소 아이가 던지는 질문에서 힌트를 얻었다. "바람을 볼 순 없나요?" "소리는 왜 잡지 못해요?" "이 냄새는 왜 슬퍼요?" "구름 위로 걸어 다닐 수는 없어요?" "별은 왜 떨어지지 않나요?" "빗방울은 정말로 무지개가 흘린 눈물이에요?" "밤은 왜 무서워요?" "죽음이 뭐예요?" 어떤 질문은 너무 엉뚱해서 말문이 막혔고, 어떤 질문은 책을 들여다보면 간단히 알 수 있었다. 하지만 아이가 던진 질문들이 적어도 쓸데없지 않으며 충분히 가치 있다는 것을 알려주고 싶었다. 본다는 것, 듣고 말한다는 것, 냄새 맡는다는 것, 피부로 느낀다는 것, 상상을 이룬다는 것, 공감하고 깨닫는다는 것 등 인간의 가장 기본적인 감각이며 필수적인 덕목인 여섯 가지 주제 아래 질문을 하나씩 해소해나가는 새롭고 흥미로운 여행들을 통해서 말이다. 이렇게 말하니 아주 거창해 보이지만, 사실 여행을 핑계로 아이와 즐겁게 놀 궁리를 한 것에 지나지 않는다.

아이를 위한 여행의 자격

우리는 '장소'에 집착하지 않았다. 대신 '경험'에 최고의 가치를 두었다. 그곳이 얼마나 깨끗하고 편안하며 아름답고 대단한지가 아니라, 아이가 그곳에서 스스로 무엇을 하고 무엇을 느끼는지가 진짜 중요하다고 생각했기 때문이다.
여행의 주인공은 당연히 아이였다. 나는 조력자이자 관찰자를 자처했다. 내가 먼저 나서서 주도하거나 개입하는 것을 최대한 피했다. 수없이 많은 질문거리들을 던짐으로써 아이가 스스로 생각할 기회를, 끈질기게 기다림으로써 깊이 생각할 기회를, 정답을 고집하지 않음으로써 다르게 생각할 기회를 제공하고자 했다.
그리고 모든 여행에서 돌아오면 행여 한 조각이라도 그 기억을 잊어버릴까 봐 신났던 일, 우울하고 슬펐던 일, 화났던 일, 무서웠던 일, 힘들었던 일 등 특별한 감정을 불러일으켰던 일들을 최대한 꼼꼼히 기록했다. 우리가 여행을 하는 과정에서 고민했던 내용과, 그런 여행을 하게 된 이유도 빼먹지 않았다. 그게 지금 이렇게 한 권의 책으로 엮였다.
2002년 노벨 경제학상 수상자인 대니얼 카너먼은 '나'라는 존재를 '경험하는 나'와 '기억하는 나'로 분류한다. 그에 따르면, 삶에는 6억 개 정도의 '순간'이 존재한다. 한 달에 대략 60만 개의 순간이 있고 그 대부분은 흔적도 없이 사라진다고 한다. 머릿속의 지우개가 말끔히 지워버리고 만다는 것이다. 하지만 주도적으로 참여했던 색다른 경험만큼은 이야기가 다르다. 결코 쉽게 잊히지 않으며 늙어 죽을 때까지 곱씹을 아주 훌륭한 추억, 즉 '핵심 기억'이 된다. 우리의 이같이 창의적이고 모험적인 여행이라면 아이들을 위한 여행의 자격이 충분하다고 생각한다. 이런 여행이라면 아이들에게 특별한 기억을 심어줄 것이며, 인생의 어느 지점에서든 반드시 겪게 될 고난의 시기에 잠시나마 아이를 위로하고 다시금 힘을 낼 용기를 줄 것이라 믿어 의심치 않는다.
다시 한 번 말하자면, "시간은 쏜살같이 흐른다".
한마디 덧붙이자면, "아이들은 결코 기다려주지 않는다".

여 행
안 내 문

아이가 행복한 여행을 위한 다섯 가지 조언

이 책을 쓸 때 내 목적은 뚜렷했다. '여행의 정보'를 제공하기보다 '여행의 방향'을 제시하자는 것이었다. 그 이유로 여행지에 대한 자세한 안내를 과감히 생략(각 장 말미에 약간의 팁을 싣기는 했지만 그야말로 '약간'일 뿐이다)했다. 으레 그런 내용까지 기대하고 책을 집어 든 이들로서는 당혹스러운 한편으로 실망스러울 수밖에 없을 것이다. 미안한 마음이 없지 않다. 이 '여행 안내문'을 슬며시 끼워 넣는 이유다. 아이와 여행을 하다 보면 필연적으로 갖가지 시행착오를 겪게 되는데, 거기서 깨달은 내용들을 정리했다. 조금이나마 도움이 되길 기대한다.

첫째, 어떤 여행을 할지 먼저 정하고, 장소를 나중에 정하라

끝이 나서도 평생 계속되는 여행이 있다. 그곳에서의 인상이 파노라마처럼 펼쳐지며 추억의 한 자리를 터줏대감처럼 차지하는 것이다. 아이들의 여행도 그래야 한다. 유효 기간이 슈퍼마켓 진열대의 생우유처럼 짧은 여행이어서는 곤란하다. 부모의 과제는 명확하다. 아이 스스로가 여행에 높은 가치를 부여할 수 있도록 도와야 한다는 것이다. 여행의 내용이 여행의 성패를 좌우한다. 우리는 아이가 관심을 가지는 것들을 여행의 주제로 삼았다. 그래야 흥미를 느끼고 적극적으로 여행을 주도하기 때문이다. 또한 대부분 어디로 갈지 먼저 정한 후 그곳에서 무엇을 할지 나중에 정하는데, 우리는 반대였다. 우리에게는 그곳이 얼마나 아름다운 풍경을 지녔는지, 얼마나 편안한 잠자리를 보장하는지, 얼마나 맛있는 먹거리가 있는지보다 그곳에서 아이가 원하는 무엇을 할 수 있는지가 비교할 수 없을 만큼 더 중요했다. 그래서 어떤 여행을 할지 먼저 정한 후, 그에 어울리는 장소를 나중에 찾았다. 여러 후보지를 섭외한 다음 결격 사유가 있는 곳들을 차례로 지우면서 마지막 하나를 뽑았다. 당연히 아이와 함께 결정했다. 아이는 출발 전부터 항상 의욕이 충만했다.

둘째, '콘트라프리로딩', 직접 딴 사과가 더 맛있다

프랑스 낭만주의 문학의 선구자이자 정치가로 활약했던 프랑수아 르네 드 샤토브리앙(1768~1848)이 충고한 바 있다. "당신이 나쁘게 생각하는 어떤 것들이 당신 아이의 재능을 드러나게 할지도 모른다. 당신이 좋게 생각하는 어떤 것들은 그들을 숨 막히게 할지도 모른다."

여행을 가서도 혹시 아이가 다칠까 봐, 힘들어할까 봐, 비위생적일까 봐 이것저것 금지하는 부모들이 있다. 반대로 이런 부모들은 아이에게 도움이 되리라 판단하는 것이라면 어떻게 해서든 시키는 경향이 있다. '이런 부모'라고 했는데 사실은 예전에 내가 그랬다. 이제 나는 선택권을 아이에게 일임하고 있다. 해보고 싶다면 뭐든 직접 해보라고 허락한다. 해볼까 말까 갈등할 때도 되도록 해보라고 살살 부추긴다. 여행에서 해볼 기회를 잡게 되는 것들은 해서 후회인 쪽보다 안 해서 후회인 쪽이 대부분이기 때문이다.

진정 중요한 점은 '뭘 했느냐'가 아니라 '어떻게 했느냐'다. 누가 시켜서 한 일, 누가 사사건건 간섭해서 한 일은 내가 했다고 할 수 없다. 스스로 원해서 한 일, 마음 가는 대로 즐겁게 빠져들어서 한 일이 내가 한 일이다. 동물심리학자 글렌 젠슨이 실험을 통해 입증해낸 '콘트라프리로딩' 개념에 따르면, 같은 일을 하더라도 자기가 주도해서 한 일일수록, 그리고 성취의 과정이 어려우면 어려울수록 만족도가 높다. 그런 일에 애착이 더 가고 오래도록 기억에 남는다.

셋째, 뻔한 소리지만 철저한 준비만이 답이다

아이에게 믿을 만한 존재가 되어야 한다. 철저한 준비만이 당신을 그리 만들어줄 수 있다.

우리 두뇌에서 감성을 담당하는 부위인 편도체(아미그달라)는 원시시대나 지금이나 변한 게 없다. 생존과 관련된 것에 유독 민감하다. 위험한 분위기가 조금이라도 감지되면 경보를 울려대고 급기야 이성을 마비시키기까지 한다. 어른들은 그것이 정말 위험한지 아닌지 경험으로 알지만, 아이들은 그렇지 않다. 경보기를 꺼줄 누군가가 필요하다. 그 일을 할 사람은 부모뿐이다. 부모가 의연하게 대처하며 "괜찮다" "아무 일도 일어나지 않는다"라고 안심시켜야 한다. 그런 다음 별것이 아니라면 별것이 아니라고, 별것이라면 대처를 잘하면 된다고 설명해주어야 한다. 그래야 아이들이 부모를 믿고 의지하며 감정을 제어할 수 있게 된다. 부모마저 당황해서 어찌할 바를 모를 때, 아이들의 감정은 통제

불능의 상태로 치닫는다. 진정하지 못하는 아이에게 부모는 결국 소리를 지른다. 아이는 더욱 감정을 폭발하거나 잠잠해진다.
그러나 잠잠해진다는 것은 또 다른 공포, 즉 엄연히 현실인 부모의 위압감에 억눌렸을 뿐이지, 감정이 진정된 것은 아니다. 그러므로 침착한 대응이 절대적으로 필요하다.
돌발 상황이 일어나지 않게 할 수는 없다. 내 마음대로 완벽하게 통제할 수 있는 상황이란 존재하지 않는다. 철저하게 준비하는 수밖에 없다. 어떤 일이 일어날지 온갖 상황을 가정해서 반복적으로 시뮬레이션을 해봐야 한다. 흔히 '맥가이버 칼'이라 부르는 다용도 툴, 손전등, 호루라기, 부상 부위를 고정해줄 충분한 길이의 줄(매듭법을 이용해 팔찌로 만들어 착용하면 좋다) 등 기본 생존 물품도 당연히 챙겨야 한다. 계절에 따라 체온을 유지해줄 적절한 두께의 옷, 비상식량과 물, 구급약도 마찬가지다. 응급처치 숙지는 기본 중의 기본이다.

넷째, 질문에 질문으로 답하라

아이들은 호기심 덩어리다. 결코 마르지 않을 것 같은 호기심의 샘을 하나씩 가지고 있다. 그 샘은 나이를 먹을수록 급속도로 수량이 줄어들어 결국은 고갈되다시피 한다. 질문을 용인하지 않는 사회적 분위기 탓이 크다. 그런데 아이의 질문에 어떻게 답을 하는가도 이 못잖은 영향을 미친다.
자연으로 나가면 아이는 쉼 없이 질문을 해댄다. 새로운 것 천지라서 그렇다. 아이가 "이게 뭐예요?"라고 물으면 보통은 이름을 말해준다. 그것으로 의무를 다했다고 생각한다. 그래선 곤란하다.

질문에 질문으로 답함으로써 사물의 본질에 다가서야 한다. 가령 아이가 단풍나무 씨앗을 가리키며 그게 뭐냐고 묻는다고 치자. 이때 "그건 단풍나무 씨앗이야"라고 단지 이름을 가르쳐주는 것으로 끝내서는 안 된다. "단풍나무 씨앗은 왜 이렇게 생겼을까? 왜 아래쪽에 씨가 있고 위에는 잠자리 날개 같은 게 달려 있는 거지?"라고 되물어보자. 대화가 풍성해진다. 아이는 저 나름대로 그 비밀을 풀려고 골몰한다. 물론 "씨앗이 여행을 하기 위해서"라고 결국 답을 알려주게 될 것이다. 하지만 고민하는 과정을 통해 비행의 원리라든지, 씨앗이 멀리 날아가야 하는 이유에 대해서도 탐구하게 될 것이다.

하나의 질문이 수없이 많은 질문을 낳도록 유도될 때 호기심의 샘은 수량이 더 늘어난다. 사물의 이름을 가르쳐준다고 해서 아이가 그것을 알게 되는 것이 결코 아님을 명심해야 한다. 이름이 아니라 그것을 이루는 의미들이 훨씬 더 중요하다. 사실 이름이야 우리가 만든 것도 아닌데 무엇인들 무슨 상관일까? 사랑이 사랑이라는 이름이 아닌 다른 이상한 이름으로 불린다 한들 그 따뜻함이 어디 갈까?

다섯째, 현장에서 느끼는 감정을 녹음하라

여행을 반추하거나 글쓰기를 교육하기에 녹음만 한 것이 없다. 아이와 여행을 떠날 때 나는 흠집투성이의 자그마한 휴대용 녹음기를 빠뜨리지 않고 챙긴다(스마트폰을 이용해도 되지만, 10년도 넘게 써서 고물이나 다름없는 녹음기가 더 편하다). 처음 몇 번 여행을 해보니 특별한 순간을 만날 때마다 아이의 감정을 담아두지 않은 게 못내 아쉬웠다. 녹음은 사진과 분명히 다른 매력이 있다. 사진이 표정으로 당시 상황을 떠올리게 만든다면, 녹음은 목소리를 통해 더 직접적으로 당시 느낌을 전해준다. 녹음기에는 멋진 장면을 보았을 때, 신기한 소리를 들었을 때, 기분을 전환시키는 향기를 맡았을 때, 가슴 뿌듯한 일을 해냈을 때, 기뻤을 때, 슬펐을 때, 화났을 때, 두려웠을 때 등 변화하는 아이의 감정들이 고스란히 담겼다.

일반적으로 여행은 집으로 돌아온 순간 마무리된다. 하지만 우리는 아니다. 집에 온 며칠 안으로 여행지에서 있었던 일들을 이야기하는 시간을 가진다. 그래야 비로소 우리의 여행도 끝난다. 우리는 탁자에 둘러앉아 녹음기 재생 버튼을 누른다. 생생하게 흘러나오는 아이의 목소리를 들으며 우리는 다시금 행복한 여행을 한다.

녹음은 아이의 글쓰기 훈련 자료로도 아주 좋다. 많은 아이들이 글쓰기를 어려워한다. 가장 큰 이유 중 하나는 세부적으로 밀고 나가는 힘이 부족하다는 것이다. 몇 줄짜리 그림일기 쓰기에 길들여진 탓이다. 그날 있었던 일 한 줄, 느낌 한 줄, 계획이나 반성 한 줄로 이루어지는 그림일기는 너무나 단편적이다. 그림일기를 졸업하고 더 긴 글을 써야 할 시기가 되면 아이들의 머릿속이 하얘진다. 그렇게 '글쓰기 공포증'이 형성된다. 녹음을 이용하면 '글쓰기 공포증'을 없애는 데 큰 도움이 된다. 녹음된 것을 들으며 즐거운 대화를 나눈 후, 아이에게 그 여행과 관련된 것을 글로 써보라고 하면 아이는 별 어려움 없이 제법 재미있는 모험 이야기를 쓱싹 써낸다. 언제 글쓰기를 두려워한 적이나 있었냐는 듯 말이다. 자신이 경험한 일과 느낀 감정이 바로 그 글 안에서 주인공의 경험과 감정으로 표현된다. 묘사가 사실적일 수밖에 없다.

그렇게 아이는 글을 어떤 식으로 써야 하는지 저도 모르는 사이에 익힌다.

그게 무엇이 됐든 간에 생명체를 키운다는 것은 대단한 도전이다. 하물며 사람은 어떠할까. 신체를 건강하게 발달시키는 게 전부가 아니다. 신체만큼이나 정신의 건강 또한 중요하다. 풍부한 감성이야말로 정신을 깊고 향기롭게 만든다. 감성의 배양처는 여러 곳이 있겠지만, 자연이라는 토양만큼 훌륭한 양분 공급원이 없다. 자연은 아이의 놀이터이자 친구이자 선생님이다.
나는 참 흥미롭게 내 아이의 성장을 지켜보고 있다. 아이가 어떻게 커갈지, 어떤 어른이 될지, 그리하여 무슨 일을 하며 즐겁게 살아갈지 무척 궁금하다. 내가 아이와 함께한 여행의 시간들이 사회적 인간으로 성장하는 데 얼마나 많은 영향을 끼칠지는 알 수 없다. 다만 그러한 시간들이 살아가는 동안 아이의 가슴을 촉촉하게 적셔줄 것이라는 점만은 확신할 수 있다. 혹시 당신도 내 생각에 동의하는가? 그렇다면 당신의 일은 하나다. 당장 아이를 위한 여행 가방을 꾸리는 것.

"우린 정말 즐거웠지. 그건 아무도 앗아갈 수 없는 거야.
우리가 경험한 많은 것들, 그지?"
- 영화 〈아메리칸 셰프〉 중에서

C o n t e n t s

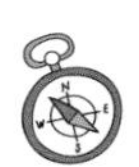

듣고 말한다는 것

냄새를 맡는다는 것

피부로 느낀다는 것

공감하고 깨닫는다는 것

생각으로는 뭐든 할 수 있다.
생각 속에서 아이는 자유롭다.
그런데 현실은 다르다.

현실이 뭐 어떻다고 그러는 거야?
생각을 실행하면 현실이 되는 거지.

그래서 아이는
무섭기만 했던 밤을 거닐고
구름에도 오르고
비밀 기지도 만들고
왕도 되었다.

상상을 이룬다는 것

모든 아이들은 적어도 한 번은 잠잘 시간이 훨씬 지난 뒤에
걸어본 기억을 가지고 있어야 한다.
- 로버트 프로스트 〈The Fear〉

잃어버린 밤을 찾아서

내게는 무슨 일이 있어도 아이를 밤에 일찍 재워야 한다는 일종의 강박이 있었다. 아이가 도통 잠을 잘 생각을 하지 않을 때면 괴물까지 동원해 아이를 겁주곤 했다. 레퍼토리는 매번 같았다.
“이제 한 시간도 채 남지 않았어. 슬슬 잠을 자지 않으면 ‘열두 시 괴물’이 나타나서 네 배꼽을 따 가고 말 거야. 그 괴물이 사는 나라는 풍선 주둥이가 항상 부족해서, 그것과 꼭 닮은 부드러운 아이 배꼽이 아주 많이 필요해.”
그러면 아이는 이불을 폭 뒤집어쓴 채 두려움에 떨며 그야말로

억지로 잠을 청했다. 아마도 내 강박은 밤늦도록 잠을 자지 않으면 신체 성장 및 발달에 좋지 않다는 말을 각종 매스컴에서 반복적으로 접하는 사이 자연스럽게 형성된 것 같다. 아내와 나는 키가 고만고만해서 그것을 뻔한 소리로 흘려버릴 수 없었다. 그러나 1년에 몇 번쯤 늦게 잔다고 결코 문제가 생기진 않는다. 나도 안다. 그러니까 나는 지금 그동안 아이에게 지나쳤음을 고백하고 있다. 하지만 어디 나만 그럴까. 키가 크느냐 마느냐가 걸렸는데 어느 부모인들 다를까.

그렇지 않아도 밤이면 별별 괴물들이 머릿속에 나타났다가 사라지기를 반복했을 아이에게 배꼽괴물마저 선물한 훌륭하신 아빠 덕분에, 밤에 대한 아이의 공포는 점점 심해져갔다. 잠자리에 들기 전, 매일같이 아이는 밤이 잠과 함께 무사히 사라지길 기도했다. 아이에게 밤은 그저 피하고만 싶은 시간이었다.

낮만큼이나 멋진 밤이라는 시간을 그처럼 받아들이고 있다는 사실이 안타깝고 미안했다.

도시에는 밤이 없다

산간벽촌이나 다름없는 곳에서 자란 나는 밤에 쏘다니는 걸 무척 좋아하는 아이였다. 걸핏하면 잘 시간이 훨씬 지난 뒤에 반딧불이 사냥에 나섰고, 동네 친구들과 달빛에만 의지해 삼나무가 빽빽하게 우거진 숲으로 들어가 특정 지점에 표식을 남기고 오는 식으로 담력을 시험하기도 했다. 때 이른 가을에 혼자서 쥐불놀이를 하다가 옷을 태워먹은 건 아직까지 어머니가 모르는 비밀이다.

그랬던 내가 아이를 무조건 일찍 재우려고만 했던 것이다. 아,

어리석게도 밤의 그 기억들을 까마득히 잊고 있었다. 나야 추억을 곱씹으면 그만이라지만, 그런 추억조차 없는 아이는 무슨 잘못을 했다고……. 일찍 재우는 것도 물론 중요하다. 그러나 밤이 어떤 시간인지 아이에게 알려줄 의무가 내겐 있었다. 공포를 조장함으로써 아이에게서 밤을 밀어냈으니 그걸 다시 찾아주는 것도 내 몫이었다. 그런데 도시에서는 그게 불가능했다. '진짜' 밤을 보여줄 수가 없었다. 그래서 아이와 함께 밤을 찾아 멀리 떠나기로 했다.

밤은 모름지기 깜깜해야 한다. 어둠이 세상을 삼켜야 한다. 어둠 속에서는 모든 감각의 자극들이 낮과는 다르게 새롭고 더 예민하다. 어둠 속에서 극대화된 감각은 쉽게 공포와 결합하곤 한다. 만약 용기를 내어 그 공포 속으로 들어갈 수만 있다면 공포를 불러일으키는 존재들의 정체를 밝혀낼 수도 있다. 그 탐험을 성공리에 마쳤을 때, 공포는 더 이상 공포가 아니라 자랑할 만한 경험의 일부가 된다.

그렇지만 도시에는 밤이 없다. 낮처럼 환한 거리, 그건 밤의 공간이 아니다. 도시에서는 빛이 어둠을 가리가리 찢어버린 지 오래다. 도시에서는 기대할 것이 없었으므로 결국 우리는 불빛이 미치지 않는 밤의 심장을 찾아가기로 작정했다. 그리고 차근차근 여행을 준비해나갔다. 베이스캠프로 이용할 자그마한 3인용 돔 텐트와 침낭, 취사도구, 악천후·조난·부상 등 혹시 모를 상황에 대비한 각종 비상용품 등을 최대한 꼼꼼하게 챙겼다. 단지 편안함을 위해 짐의 부피를 키우지는 않기로 원칙을 세웠고 그에 맞춰 모든 것을 세팅했다. 사실 이는 나중에 떠나게 될 백패킹을 염두에 둔

도시의 밤과 시골의 밤.
조명이 주인공인 밤과 자연이 주인공인 밤.

포석이었다.
집 자체를 고스란히 옮기는 캠핑의 유혹을 떨쳐내기까지는 큰 결심이 필요했다. 해먹이나 안락한 등받이 의자에서 늘어지게 쉬다가 아이스박스에서 차가운 맥주를 꺼내어 숯불에 구운 고기를 안주 삼아서 시원하게 들이켜는 사치를 사실 즐기고 싶긴 했다. 아이에게는 스마트폰이나 태블릿 PC를 던져주면 그만이다. 그야말로 완벽한 자유를 누릴 수 있다. 하지만 그것은 섬 같은 자유와 다를 바 없다. 홀가분하지만 공허하기 짝이 없는 외로운 자유 말이다. 텐트는 잠깐 몸을 의지할 쉼터여야지, 집이 되어서는 곤란하다는 생각이 중심을 잡아주었다. 텐트가 집이 될 때 그 안의 생활 또한 집에서 하던 생활을 따라가게 되고, 당연히 안락함을 추구하는 시간이 길어진다. 캠핑은 가족과 함께 자연을 만나는 시간이어야 하는데, 갖출 걸 다 갖춘 텐트라는 새로 지은 집에서 저마다 따로 자유를 추구하며 빈둥거리는 시간이 될까 짐짓 두려웠다.
우리는 불빛에 잡아먹히지 않은 깜깜한 밤을 어디로 가서 만날지도 토의 끝에 정했다. 일단 첫 시도이므로 밤을 만나기가 어렵지 않아야 한다는 데 의견이 모였다. 그 결과 나온 곳이 해발 980m의 양구두미재였다. 강원도 횡성군 둔내면과 평창군 봉평면의 경계에 위치한 태기산 9부 능선의 고개로서 차량 접근이 가능했다. 이곳에는 풍력발전기 수십 기가 들어서 있다. 캠핑장으로 공식 운영되는 곳은 아니다. 우리는 낭만적인 밤을 꿈꿨다. 하늘에는 총총 별이 떠 있고, 땅에는 풍력발전기가 느긋하게 도는 고개에서 행복한 시간을 보낼 거라고 생각했다. 우리의 밤 여행은 그러나 그리 순탄치가 않았다. 별은 고사하고 비와 바람이 우리의 의지를 시험했다.

이런 것도 다 추억이야

아이의 유치원 여름방학이 시작되고 며칠 후, 양구두미재를 향해 첫 밤 여행을 떠났다. 우리는 한껏 부풀어 있었다. 그런 마음에 날씨가 초를 쳤다. 양구두미재의 하늘이 심상치 않았던 것이다. 분명 비 소식은 없었는데, 언제 비가 쏟아져도 이상하지 않을 만큼 하늘이 검었다. 아니나 다를까, 도착하고 나서 잠시 숨을 고르노라니 부슬부슬 비가 내렸다. 우리는 차 안에서 비 그치기를 기다렸다. 그러나 비는 그칠 기미가 전혀 보이지 않았다. 더 기다리는 게 무의미했다. 철수와 잔류를 두고 고민에 빠졌다. 아내는 걱정이 많았다. 아이는 계속 있고 싶어 했다.

"그래, 이런 것도 다 추억이 되는 법이지."

나는 아이의 편을 들었다. 결심이 서자 우리는 날씨가 더 나빠질 것을 우려해 서둘러 텐트를 치기로 했다. 아이가 연결한 폴을 아내가 텐트의 네 귀퉁이에 끼우고 고리를 걸었다. 나는 망치로 펙을 박아 텐트를 단단히 고정했다. 혹시 큰비라도 내릴까 염려되어 야전삽을 이용해서 텐트 가장자리로 물골도 만들었다. 역할을 나눈 덕분에 오래 걸리지 않아 텐트가 세워졌다. 우리는 그 안으로 들어가서 따끈한 차를 마시며 젖은 몸을 말렸다. 텐트 안에 있으려니 바람이 제법 부는 것 같았다. 그래서 다시 밖으로 나가 태풍에도 끄떡없도록 2중 3중으로 텐트 줄을 보강했다.

그러는 사이 슬그머니 밤이 찾아왔다. 머리에 그렸던 것과는 전혀 다른 밤이었다. 비는 한시도 그치지 않았다. 꼼짝없이 텐트에 갇힌 채 밤을 받아들여야 했다. 우리는 이 얘기 저 얘기를 나누다가 얘깃거리가 바닥을 드러내자 잠자리에 들었다. 텐트를 밝히던 랜턴을 끔과 동시에 어둠이 우리를 순식간에 꿀꺽 삼켰다. 아이와 나는 이날 밤 한 가지 사실을 알게 되었다. 공포의 본모습은 때로 시시하기 짝이 없다는 것이다. 겉만 화려한 사람처럼 말이다.

밤과 놀았던 역사적인 기억

빛이 사라지면서 눈이 있으나 마나 한 존재가 되니 놀랍게도 귀가 활짝 트였다. 눈이 보일 때는 거의 들리지 않던 소리들이 또렷이 들렸다. 작게 들리던 소리들은 더욱 크게 들렸다. 우리는 풍력발전기의 날개가 회전할 때 그렇게 큰 소리가 난다는 사실을 그제야 깨달았다. 풍력발전기로부터 멀찌가니 떨어진 곳에 텐트를 설치했음에도 불구하고 머리 바로 위에서 날개가 도는 것처럼 들렸다. 대략 3초에 한 번씩 '휘익' 허공을 가르는 소리를 냈는데, 바람의 세기에 따라서 소리의 간격이 더 짧아지거나 길어졌다. 자정을 넘어서면서부터는 바람이 드세졌다. 날개가 1~2초마다 소리를 냈다. 이러다 날개가 부러져서 텐트를 덮치는 건 아닌가 걱정이 될 정도로 소리가 위협적이었다.
비도 거세졌다. 누군가 노크하듯이 빗방울이 텐트를 때렸다. 아내는 수상한 기척을 들은 것 같다며 밖을 확인해보라고 자꾸만 채근했다. 나도 긴가민가했다. 그럴 리야 없겠지만, 정체 모를 존재가 우리를 관찰하고 있다면 그 자체로 얼마나 오싹한 일인가? 순간적으로 온몸에 소름이 돋고, 털이 곤두섰다. 나는 아이와 함께 밖으로 나가서 주변을 자세히 둘러보았다. 안에서 느끼는 것만큼 밖은 요란스럽지 않았다. 비는 그다지 굵지 않았고 바람도 마찬가지로 세지 않았으며, 그곳에는 우리 외에 아무도 없었다. 조금 허탈한 한편으로 안도감이 들었다.

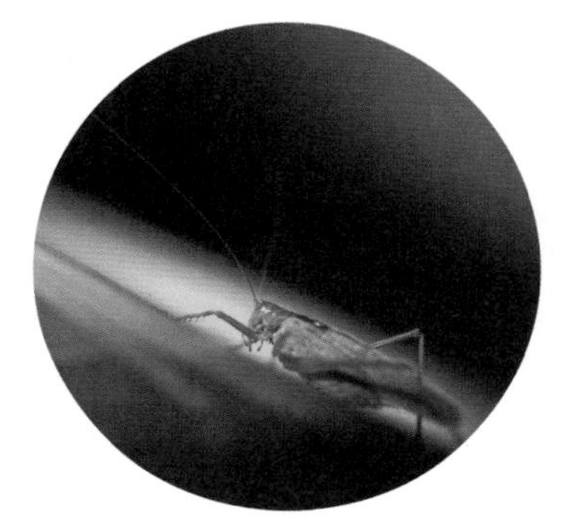

비바람을 피해 텐트 안으로 들어온 여치.

아이와 나는 텐트 안으로 들어가서 바깥 상황을 있는 그대로 아내에게 설명해주었다. 아내는 의심의 눈초리를 거두지 않았다. 그래서 날이 밝을 때까지 공포에 떨며 잠을 제대로 자지 못했다. 반면 아이와 나는 어땠을까? 비를 피해 텐트 안으로 기어 들어온 여치의 노래를 들으며 깊은 잠을 잤다. 빗소리도, 바람 소리도, 풍력발전기의 날개 회전 소리도 더는 우리에게 공포심을 불러일으키지 못했다. 신기하게도 밖에 나갔다 온 후로 그 소리들이 이전보다 훨씬 작게 들렸다. 어쩌면 아내의 귀가 진공청소기처럼 그 소리들을 빨아들여서 우리에게로 올 게 그만큼 줄어들었을지도 모른다.

아무튼 우리 가족은 첫 밤 여행에서 무사히 귀환했다. 여행에 대한 평은 엇갈렸다. 내게는 비바람을 신경 쓰느라 힘들었던 기억, 아내에게는 잠 못 든 끔찍했던 기억, 아이에게는 밤과 놀았던 역사적인 기억으로 남았다. 아이는 틈만 나면 실제로는 아무것도 아니었던 그 밤의 공포를 들먹이며 아내 앞에서 으스댔다.

별을 사랑하게 된 밤 여행

양구두미재의 밤이 정말로 인상에 남았는지, 아이는 다시 한 번 그곳에 다녀오자고 성화를 부렸다. 그래서 우리는 아내의 반대에도 불구하고 3주 만에 재차 같은 장소로 떠났다. 다행히 이번에는 구름 한 점 없었다. 그 밤, 별이 그야말로 하늘에서 쏟아졌다. 손을 뻗으면 잡을 수 있을 것만 같은 별들이 하늘을 밝혔다. 쉼 없이 제 할 일을 하는 풍력발전기 날개 위로 은하수가 흘렀다. 우리는 나란히 땅바닥에 누워 시간 가는 줄도 모르고 은하수를 보았다.
그렇게 한참을 있는데, 하늘에서 별똥별 하나가 떨어졌다.
"방금 봤어요? 가느다란 빛이 갑자기 '슝' 하고 지나갔어요."
"별똥별이란다. 지구 밖에 있는 돌이나 우주먼지가 지구로 떨어지면서 불에 타는 게 그렇게 보이는 거야."
아이는 어째서 다른 별들은 하늘에서 떨어지지 않는지 의아해했다.
"약 137억 년 전 '어제가 없는 오늘'이라고 불리는 때에 거대한 폭발과 함께 우주가 태어났어. 그 폭발로 우주의 별들이 생겼는데, 그 별들이 서로를 끌어당기면서 떠 있도록 돕는 거야."
나는 별과 우주에 대해 아는 선에서 최대한 쉽게 이야기해주었다. 아무리 그래도 이해하기에는 어려웠을 텐데, 기특하게도 아이는 귀를 기울여서 들었다.
은하수를 처음 본 밤 이후로 아이는 별을 사랑하게 되었다.
사랑하면 알고 싶어지는 법. 그렇게 해서 스스로 알게 되는 것들은 누가 가르치거나 억지로 주입하는 지식과 달리 진짜 자신의 것이 된다. 그런 아이를 위해 나는 아끼던 10×50mm 쌍안경을 기꺼이 물려주었다. 육안으로 보는 것보다 집중도가 높고, 망원경으로 보는

아빠에게서 물려받은 쌍안경으로 별을 관찰하는 아이.
두 번째 찾은 양구두미재에서 멋진 은하수를 결국은 만났다.

것보다 많이 볼 수 있다는 점에서 쌍안경은 천체 관측 입문자에게 좋은 도구다. 이후에도 우리는 틈나는 대로 이곳저곳 밤을 찾아 떠났고 아이는 그때마다 쌍안경을 챙겼다. 남들이 다 자는 밤에 아이는 별의 속삭임을 듣기 위해 외투를 걸쳐 입었다. 별에 대한 아이의 사랑은 갈수록 깊어졌고 우주의 시작과 끝, 별들의 죽음과 탄생, 외계 생명체 등 우주에 대한 궁금증도 더 많아졌다. 아이를 가만히 지켜보면서 나는 그토록 많은 사람들이 밤하늘에 빠져드는 것이 더 잘 보기 위해서라기보다 더 크고 멋진 상상을 하기 위해서라는 생각이 들었다.

여러 차례의 밤 여행으로 자신감이 붙자 우리는 차를 버리고 떠나기로 했다. 배낭만 짊어지고 걸어서 밤을 만나러 가기로 한 것이다. 우리는 자작나무숲을 목적지로 잡았다. 잘 알려진 강원도 인제군의 그 숲이 아니다. 강원도 정선군에 자리한, 아는 사람만 아는 고즈넉한 숲이다. 휴대용 버너와 같은 화기물을 일절 챙기지 않았다. 아무리 주의한다고 해도 한순간의 실수가 돌이킬 수 없는 재앙을 불러올 수 있기 때문이다. 대신 뜨거운 물을 담은 보온병과 전투식량을 준비했다. 짐은 최소한으로 줄인 뒤 능력치를 고려해 서로의 배낭에 적절히 배분했다. 물론 아이도 배낭을 졌다. 어릴 때부터 짐은 함께 져야 한다고 가르친 덕에 아이는 힘들다며 빼는 법이 없었다. 오히려 자신을 열외로 하면 화를 냈다. 우리는 마을 끝집에서부터 완만한 산길을 2km쯤 걸어서 숲으로 들어갔다. 나는 사전답사 때 미리 봐둔 작은 공터로 아내와 아이를 이끌었다. 텐트를 치는 데 이골이 난 우리는 순식간에 보금자리를 완성하고 해가 지기 전에 숲 산책에 나섰다. 때는 9월 말로 단풍이 막 시작되던 참이었다. 하얀 자작나무와 울긋불긋한 단풍잎이 만들어내는 색의 대비가 강렬했다. 숲길에는 벌개미취와 투구꽃, 자주쓴풀 등의 들꽃이 수더분하게 피어 있었다. 산책을 마친 후에는 간단하게 저녁을 먹었다. 부족한 듯 가져와서 깨끗이 먹으니 생길 쓰레기란 게 없었다.

밤의 적막이 가져다주는 사색의 시간

해가 완전히 땅으로 꺼지고 나서 30분쯤 지나자 하늘의 잔광마저 사그라졌다. 우리는 숲길을 다시 걸었다. 좀 전과는 느낌이 아주 달랐다. 잘 보이지 않자 불안감이 스멀스멀 기어 나왔다. 하지만 두 눈이 어둠에 순응하면서 사방이 점점 훤해졌고, 이미 한 번 걸었던 길이라 이내 마음이 안정되었다. 그제야 비로소 공포에 지배되어 왜곡됐던 감각이 제자리로 돌아왔다. 밤의 숲은 아름다웠다. 어디선가 올빼미가 울었다. 여치와 귀뚜라미와 베짱이 따위의 풀벌레도 가을밤 음악회를 열었다. 나무들은 이따금 바람에 '끼걱'거리며 잘 듣고 있노라고 호응했다. 나뭇잎은 '사르르르' 박수를 쳤다. 밤은 낮과 다를 게 없었다. 단지 낮에 비해 어두울 뿐. 밤이 깊어지면서 하늘 높이 떴던 달이 서쪽으로 기울었다. 이에 자작나무 그림자들이 힘겨운지 숲길에 길게 누웠다. 텐트로 돌아와 우리도 지친 하루를 마감하며 자작나무 그림자처럼 누웠다. 그 밤에도 예고 없이 비가 제법 내렸다. 아내의 반응이 궁금하다고? 양구두미재 이후로도 두세 번 더 악천후 캠핑을 경험한 아내는 오히려 운치 있다면서 비를 기다리는 수준이 되었다. 하여간 그 밤에 우리는 나뭇잎과 텐트를 두드리는 빗소리를 자장가 삼아서

풀벌레들의 음악회로 아름다웠던 비밀의 자작나무숲.
자작나무숲의 아침을 카메라에 담는 아이.

달콤한 잠을 잤다.
밤 여행을 통해 아이가 쓸데없이 밤을 두려워하지 않게 되고, 별을 사랑하게 되고, 밤을 낮과 같이 생기 넘치는 시간으로 받아들이게 된 것은 큰 선물과도 같은 변화다. 그런데 변화가 아이에게만 찾아왔냐면 그렇지 않다. 아내와 내게도 찾아왔다. 우리의 밤 여행은 스마트폰이라는 문명의 이기와 잠시 강제적으로 분리되는 시간이었다.
돌아보면 우리는 항상 스마트폰을 끼고 살았다. 심지어 손에 쥔 채 잠드는 날도 부지기수였다. 영화보다 더 영화 같은 현실의 뉴스와 클릭을 유도하고 '좋아요'를 애걸하는 글, 패스트패션처럼 한순간 소비되고 이내 폐기되는 트렌디한 이미지의 홍수 속에서 허우적댔다. 생각은 자꾸만 달콤한 유혹에 넘어가서 직진하지 못하고 흩어졌다. 결국 자신의 생각이란 게 만들어질 틈조차 없고, 빠르게 흘러가는 세상의 꽁무니만 좇으며 갈팡질팡했다.
스마트폰을 손에서 놓았을 때, 우리는 밤의 적막에 무척 당황했다. 별을 볼 때, 숲길을 걸을 때, 잠자려고 누웠을 때처럼 대화가 잠시 끊기는 순간이면 밤의 적막이 밀려와 사색을 강요했다. 밤의 적막에 당황했던 것은 스스로를 위해 사색의 시간을 내준 지 너무나 오래되어서 낯설었기 때문이다. 하지만 밤 여행을 거듭하는 동안 우리는 밤의 적막이 가져다주는 사색의 시간을 진심으로 즐기게 되었다. 그러니 만약 당신도 우리처럼 밤 여행을 계획한다면 부디 스마트폰일랑 꺼두길.

구름은 몽상가를 위한 것이다.
- 개빈 프레터피니, 『구름 읽는 책』

구름에 오르다

"고속도로에 있는 휴게소처럼 하늘에는 구름휴게소가 있어.
비행기가 잠시 그곳에 멈추면 사람들이 내려서 폭신한 구름 위에
드러누워 쉬곤 하지."
장난으로 아이에게 이런 이야기를 한 적이 있었다. 아이는 아무런
의심도 없이 믿었다. 아이는 무거운 비행기와 수많은 사람들을
태우고도 끄떡없는 그런 구름을 타고서 세상 곳곳을 여행하고 싶어
했다.
그러나 그 환상은 예닐곱 살 많은 사촌 언니 오빠들과 놀다가
무참히 깨졌다. 녀석들이 하나같이 "그건 말도 안 되는 소리"라며

핀잔을 주었기 때문이다. 그렇지 않다고 맞서던 아이는 결국 울음보를 터트리고 말았다. 그런 아이를 앞에 두고도 구름은 습기 덩어리일 뿐이고 어쩌고저쩌고 아는 체하는 녀석들을 보면서 뒤통수를 세게 갈겨주고 싶었다. 아이를 달래며 나는 말했다.
"우리, 구름 위에 올라가 보지 않을래?"
"안 돼요, 아빠. 땅으로 슈욱 떨어져버린댔어요."
"어떤 게 사실인지 한번 보자고."

구름의 진실을 확인하는 여행

나는 단순히 말로 가르치기보다 직접 확인함으로써 그것을 이해하고 받아들이게 하는 쪽을 택했다. 당장의 충격보다 오히려 더 큰 상실감을 느낄지도 모르지만 말이다. 아이는 곧 구름이 이불의 솜처럼 쫀쫀하게 얽혀 있지 않음을 알게 될 것이다. 아이는 어떤 반응을 보일까? 구름의 진실을 확인하는 우리의 여행은 그렇게 시작되었다.
"덕유산으로 가자."
왠지 거기라면 산꼭대기인 향적봉(1,614m)에서 구름바다를 만날 수 있을 것만 같았다. 향적봉대피소에 문의하니 막연했던 기대감이 점점 커졌다. 때는 10월 하순이었는데, 일교차가 심해지면서 새벽에 구름이 넘쳐흐르는 날이 많다고 했다. 아내와는 연애 시절 하이킹을 한 적이 있었다. 상고대가 아름다운 겨울이었다. 그 기억도 덕유산으로 목적지를 잡는 데 한몫했다. 그것이 불행을 불러올 줄은 까맣게 모른 채.
새벽의 구름바다를 만나려면 산에서 하룻밤을 보내야 한다.

아이가 두 살 때 이미 우리는 구름 위에 올라선 적이 있었다.
아이는 당연히 기억하지 못하지만, 아이는 저 버스 안에 자신이 타고 있었느냐고 묻는다.

국립공원으로 지정된 산에서는 야영이 금지돼 있으므로, 밤 여행에 자신감이 붙은 우리였지만 어쩔 수 없이 향적봉대피소에서 숙박하기로 했다. 비수기여서 침상과 침구는 여유로웠다. 등산과 하산을 어떻게 할 것이냐가 남았는데, 결정이 쉽지는 않았다. 곤돌라 때문이었다. 나는 "웬만하면 걸어서 등·하산을 하자", 아내는 "아이에게 무리니 곤돌라를 이용하자"고 주장했다. 이미 1년 전 6km에 달하는 숲길을 걸었던 경험이 있는 아이는 걷기 싫어서가 아니라 곤돌라를 타고 싶은 마음에 아내의 의견에 적극 동조했다. 서로 물러섬이 없던 우리는 결국 한 발씩 양보하기로 했다. 올라갈 때는 곤돌라를 이용하고 내려갈 때는 걷기로 한 것이다. 대신 한 방향으로 오르내리면 같은 풍경을 두 번 보게 되니 올라갈 때와 내려갈 때의 방향을 달리하기로 했다.
드디어 코스까지 결정되었다. 정리하자면 이렇다. 늦은 오후에 무주리조트에서 곤돌라를 타고 덕유산 설천봉(1,525m)으로 올라간다. 거기서 다시 향적봉으로 이동해서 해거름을 본다. 밤은 향적봉대피소에서 보낸다. 새벽에 일어나서 향적봉에서 구름바다 위로 떠오르는 해를 본다. 마지막으로 대피소에서 짐을 꾸리고 백련사 방향으로 내려간다. 특별히 흠 잡을 데가 없는 계획이었다. 하지만 그것이 정말로 괜찮은 계획인지는 실행해봐야만 알 수 있다. 틈은 어디서든지 벌어질 수 있고, 사고는 언제든지 발생할 수 있다. 과신과 방심은 절대 금물이다.

구름바다가 펼쳐졌어

당일 저녁과 이튿날 아침 식사거리를 비롯해 이동 중 요기할

간식거리, 충분한 물, 방한을 위한 옷, 장갑, 양말, 구급용품 등을 꼼꼼히 챙기고 드디어 덕유산으로 떠났다. 3시간을 달려 무주리조트에 도착한 우리는 곤돌라를 타고 설천봉으로 향했다. 곤돌라를 처음 타는 아이는 마냥 행복해했다. 고도가 높아지면서 발아래 펼쳐지는 나무들의 모습도 달라졌다. 나무들은 단풍이 든 옷을 하나씩 벗더니 설천봉 부근에 이르자 앙상한 몸을 고스란히 드러냈다. 따뜻한 아래와 달리 산 위는 몹시 추웠다. 바람도 세차게 불었다. 날은 쾌청했다. 하늘에는 조각구름이 간간이 흘렀다.

아이는 의심했다.

“구름바다를 볼 수 있다고 했잖아요?”

“안달하지 않아도 돼. 우리가 잠을 자는 동안 몽글몽글 피어난 구름들이 이스트를 넣은 빵처럼 부풀어 올라 온 사방을 덮을 테니까.”

그날 저녁 우리는 친구를 사귀었다. 향적봉대피소에는 우리 외에 셋이 더 머물렀는데, 그중 노부부가 있었다. 남덕유산 방면에서 걸어왔다고 했다. 틈날 때마다 항상 밀어주고 끌어주면서 백두대간을 걷는다고 했다. 체력적으로 힘이 들 텐데 표정이 참 밝았다. 부러웠다. 그들처럼 아내와 나의 황혼도 아름다울 수 있으면 좋겠다고 생각했다. 노부부는 추운 날 불평 하나 없이 대피소 생활을 해내는 아이가 기특해 보였는지, 맛있는 음식을 나눠주며 응원의 말을 듬뿍 해주었다.

아이에게 호언장담했지만, 구름바다가 생기지 않을지도 모른다는 생각에 나는 잠을 설쳤다. 해가 지기 전까지 센 바람이 불었던 게 마음에 걸렸다. 바람이 잠잠해야만 구름이 흩어지지 않기 때문이다.

구름바다 위에서 해가 떠오르는 모습을 행복하게 바라보는 아이.
발아래 펼쳐진 구름바다를 바라보며 아이가 세상을 다 가진 듯 즐거워하고 있다.

그 밤 세 차례나 밖에 나가서 상황을 확인했다. 다행히 바람은 점점 잦아들었고 마지막으로 확인한 새벽녘에는 거의 불지 않았다. 바람이 떠났다고는 해도 구름이 생기지조차 않는다면 모든 게 허사로 돌아갈 일. 그런데 멀리 구천동 계곡 쪽에서 넘쳐흐르는 하얀 구름이 분명히 보였다. 절로 "살았다"라는 말과 함께 안도의 한숨이 나왔다. 가벼운 마음으로 침상에 돌아가 누운 나는 그러나 혹시라도 깨지 못할까 봐 날이 밝을 때까지 눈을 붙일 수 없었다. 온갖 생각을 하는 동안 시간은 흘렀고 마침내 해오름의 시간이 되었다. 아내를 먼저 깨워서 아이의 옷가지를 챙기게 한 후, 이어서 아이도 깨웠다.

"시간이 됐어. 일어나. 구름바다가 펼쳐졌다고."

흔들어도 일어나지 않던 아이는 '구름바다'라는 말에 눈을 번쩍 떴다. 우리는 단단히 무장을 했다. 아직 겨울로 접어들지 않았는데도 수은주가 영하 2도를 가리켰다. 새벽의 푸름을 헤치며 우리는 향적봉으로 올라갔다. 덕유산 꼭대기인 그곳에 이르자 장관이 눈앞에 펼쳐졌다. 하얀 구름이 바다를 이루어 주변의 봉우리들만 조금씩 남긴 채 완전히 덮고 있었던 것이다. 우리는 넋을 잃고 그 광경을 바라보았다. 구름 아래 숨었던 해가 슬슬 고개를 들면서 바다를 붉게 물들였다. 추위에 떨던 아이의 얼굴에도 따스한 햇살이 스며들었다.

아이는 전날만 해도 거의 찾아볼 수 없던 구름이 밤새 엄청나게 늘어난 것을 이상하게 생각했다. 덕유산 일대에 드넓게 깔린 이날의 구름은 구천동 계곡이 밀어 올린 것이다. 계곡의 습한 공기가 산 사면을 타고 올라가다가 냉각되어 구름바다를 이루었다. 나는 이

같은 과정을 아이에게 설명하면서, 구름이 만들어지려면 씨앗이 필요한데 그것이 바로 먼지라고도 알려주었다.

어느 게 진짜일까? 둘 다 진짜야

대피소로 돌아와 아침을 간단히 먹는 동안 구름바다는 해가 뿌려놓았던 붉은 물감을 말끔히 지우고 새하얀 옷으로 갈아입었다. 우리는 느긋하게 백련사 방향으로 하산을 시작했다. 길은 구름바다 밑으로 이어져 있었다. 아이는 드디어 폭신한 구름 위를 사뿐사뿐 걷게 될 거라는 기대감에 들떠 있었다. 그러나 한데 뭉쳐 있던 구름은 거리가 가까워질수록 몰라보게 색깔과 형체를 잃어가더니 급기야 홀연히 사라지고 말았다.

"아빠, 구름이 몽땅 없어져버렸어요."

"아니야. 구름은 어디에도 가지 않았어. 실망스럽겠지만 희미한 연기처럼 폴폴 날리곤 하는 바로 이것들이 구름이란다. 멀리서 볼 땐 두꺼운 솜뭉치 같지만, 가까이서 보면 구름은 안개와 같은 모습을 하고 있을 뿐이야."

아이는 내가 언젠가 해주었던 재미있는 구름휴게소 이야기가 아니라 사촌 언니 오빠들이 빈정거리며 했던 냉정한 말들이 맞다는 걸 확실히 알게 되었다. 구름은 아이를 하늘로 들어 올릴 힘이 전혀 없었다. 구름은 손에 잡히지도 않았다. 속상한 아이는 언제 울음이 터져도 이상하지 않을 표정이었다. 혹시나 하면서도 구름 조각을 뜯어서 담을 거라며 투명 비닐을 준비해 갔던 아이였다.

"어떻게 보느냐에 따라서 전혀 다른 모습을 띠는 건 구름만이 아냐. 푸른 바닷물도 두 손을 모아서 떠보면 그저 색깔 없는 물에 불과해.

어느 게 진짜일까? 둘 다 진짜야. 평소 나를 귀찮아하는 너도 진짜 너고, 내가 며칠 출장을 간다고 하면 울고불고 난리를 치는 너도 진짜 너인 것처럼. 그리고 말이야. 비록 구름을 타고 여기저기 다닐 수는 없었지만, 너는 당당하게 구름 위에 올라섰어. 이렇게 구름 속을 산책도 하고. 너 오늘 정말 멋져 보이는 거 알아?"

아이는 그제야 굳었던 표정을 풀고 배시시 웃었다. 나는 내 하얀 거짓말이 비극적인 결말로 끝나지 않았음을 진심으로 감사하게 생각했다.

한편 구름 여행은 어떤 사건 때문에 평생 잊지 못할 것 같다. 이 여행에서 나는 크나큰 실수를 하고야 말았다. 10년도 더 지난 연애 시절 아내와 덕유산 하이킹을 했던 추억의 왜곡 때문이다. 당시 하산할 때 2시간 정도 걸렸다는 잘못된 기억을 틀림없는 진실이라고 믿고 있었다. 아내는 고개를 갸우뚱거리면서도 내가 몇 번이나 확실하다고 말하는 바람에 정말 그런가 보다 했다. 막상 걸어보니 그 거리가 약 9km에 달했고, 백련사까지 내려가는 길도 아이에게는 너무 가팔랐다. 산을 잘 타는 사람도 두 시간으로는 어림없는 길이었다. 아이와 함께였던 우리는 총 6시간이 걸렸다. 아이는 거의 탈진했다. 나는 어쩔 줄 몰라 아무 말 못 했다. 아내는 화가 나서 아무 말 않았다. 아이는 힘들어서 아무 말 없었다. 지금도 그때만 생각하면 쥐구멍에라도 들어가고 싶은 심정이다. 그런데 어떻게 그런 잘못된 기억을 머리에 담아두고 있었던 걸까? 달달하게 연애를 할 때라서 그 먼 길이 두 시간처럼 짧게 느껴지기라도 했던 걸까?

다양한 구름의 모습들.
왼쪽부터 시계방향으로 구름쉐이커, 무지개구름, 불새,
잃어버린 반쪽, 섹시한 입술, 추락하는 이카로스.

하늘을 올려다보는 시간이 많아졌다

비록 끝이 아름답지는 못했으나 구름 여행은 아이에게 꽤 깊은 인상을 남겼음에 틀림없다. 여행에서 돌아온 후 아이는 구름 위로 올라서던 순간, 구름을 붉게 물들이다가 이윽고 떠올라서는 몸을 따스하게 녹여주던 아침 햇살, 하산하면서 들었던 새소리와 계곡물 소리에 대해 자주 이야기했다. 장시간 걷다가 탈진하다시피 했던 일도 이따금 언급했는데, 그것은 원망하기 위해서가 아니라 자신의 대단함을 자랑하기 위해서였다. 그때마다 나는 지은 죄가 있어서 아이를 찬양하다시피 추어올렸다. 실제로도 아이는 그날 정말 눈부셨다.

추억을 만든다는 것은 단지 그 일에 대해 이야기할 거리가 생긴다는 의미만은 아니다. 그것으로부터 장래가 조각되기도 한다. 아이는 더 이상 구름을 타고 어디론가 여행한다거나 구름 위를 걸어 다닐 수 있다고 믿지 않는다. 하지만 구름에 대한 환상은 관심으로 자연스럽게 바뀌었다. 여러 형태의 구름을 비교 관찰하면서 아이는 기후 조건에 따라 나타나는 구름의 종류가 다르다는 사실을 스스로 깨닫게 되었다. 누가 알까? 아이가 나중에 제2의 루크 하워드(기상학의 아버지. 구름의 분류법을 고안해낸 기상학자)가 될지, 아니면 멋진 문학가가 될지. 아이는 순식간에 변하고 마는 구름들로부터 특별한 모양을 잡아내서 한 편의 흥미진진한 동화를 만드는 놀이에 푹 빠졌다. 서서 걷는 강아지와 팔팔 끓어오르는 팥죽 단지, 바다로 추락하는 이카로스, 세상을 다 태워버리는 불새, 구름공장의 비밀 쉐이커……. 아이의 상상력은 정말이지 놀랍다.

덕분에 나와 아내에게도 일이 생겼다. 아이와 함께 있는 자리에서는 그런 구름을 찾는 데 동참하고, 아이가 없는 자리에서는 사진을 찍어두었다가 보여준다. 솔직히 귀찮은 일이지만, 한편으론 고맙다. 덕분에 하늘을 올려다보는 시간이 많아졌기 때문이다. 어른이 된다는 것은 책임질 일이 늘어난다는 의미다. 현실을 직시하길 강요받으면서 우리 어른들의 시선은 하늘에서 점점 땅으로 내려오고 급기야 수직으로 꽂히기 마련. 웃을 일이 있어서 웃는 게 아니라 웃어서 웃을 일이 생기는 것처럼, 그렇게라도 하늘을 보는 시간이 많아지면 언제 포기하게 됐는지도 모르는 꿈들을 다시금 꾸게 될 수도 있지 않을까.

'자신만을 위한 에워싸인 공간'. ……아이들은 이 에워싸인 공간을 본능적으로 만들 줄 안다. 그 속에는 어른들이 경계 지어놓은 복잡한 규칙이 적용되지 않는다.

– 김종진, 『공간공감』

아이의 비밀 기지 건설하기

누구나 자신을 위한 비밀 공간이 하나쯤 있었으면 한다. 어떤 방해도 받지 않고 나만의 세계를 구축할 수 있는 곳. 내 아이에게는 그런 장소가 있다. 여섯 살 겨울 무렵 만들기 시작해 이듬해 봄에 완성한 숲 속의 비밀 기지. 자랑하고픈 마음이 컸던 아이가 여기저기 떠벌리는 바람에 그 존재를 모르는 사람이 주변에 없지만, 거기가 어딘지 정확히 아는 사람은 우리 외에 아무도 없다. 설령 우연히 지나다가 그것을 발견한 사람이 있다손 치더라도 용도를 알 턱이 없으니 비밀 기지로서의 자격은 여전히 유효하다.

많은 부모가 아이의 모든 것을 알려고 한다. 집 밖에서 있었던 일을 아이가 얘기하지 않으면 조바심을 내며 캐묻는다. 그러고는 "엄마 아빠에게는 절대 숨기는 게 있어선 안 돼!"라고 주입한다. 그런 부모를 볼 때면 진심으로 궁금하다. 그 자신은 어렸을 때 비밀이라고는 전혀 없는 투명한 존재였을까? 내 생각에는 서로 비밀을 적당히 가지고 있는 게 좋다. 모든 걸 공개하면 저도 모르는 사이에 의지하고 개입하게 된다. 반면, 비밀이 있다는 자체로 아이는 뿌듯함을 느낀다. 부모는 아이를 더 자세히 살피고 이해하려 노력하게 된다. 단, 비밀을 인정하는 데 조건이 하나 있다. 서로 애정으로 연결되어 있어야 한다는 점이다. 그래야 아이가 정말로 도움이 필요한 것에 대해서는 비밀로 쌓아두지 않는다.

아이는 옷장을 사랑했다. 무더운 한여름에도 수시로 컴컴한 옷장 안에 들어가서 시간을 보냈다. 더위 따위는 아랑곳하지 않았다. 엄마의 자궁에서 아홉 달 동안 머물렀던 기억이 무의식 속에 남아 있었던 걸까? 아이는 비좁은 그곳을 편안해했다. 그렇지만 지켜보는 사람으로서는 조금 안쓰러웠다. 그래서 아이에게 비밀 기지를 직접 만들어보자고 제안했다.

우리는 수많은 장소를 답사했다. 모 예술대학교 뒤편에 있는 거대한 우수배관이 1차 후보로 고려되었다. 길이 5m 정도의 원형 배관으로, 아이가 서서도 다닐 수 있었다. 그러나 비라도 내리면 산에서 흘러내리는 물로 인해 사고가 발생할 수 있다는 이유로 아쉽지만 후보지에서 제외되었다. 집에서 자동차로 10분 거리에 호수가 있는데 이곳으로 가는 길가의 숲은 다소 멀다는 이유로, 추모공원 아래 숲은 왠지 꺼림칙하다는 이유로(이 때문에 오히려 비밀

아이의 비밀 기지가 있는 숲은 정말로 놀 거리가 풍부한 곳이다.
우리는 쓰러진 나무들을 이용해 비밀 기지를 만들기로 했다.

기지로서는 제격일 수 있다. 뭔가 사건이 일어날 것 같지 않은가? 아이가 비밀 기지를 본거지 삼아서 그 사건을 명쾌히 해결하고……) 역시 제외되었다.

비밀 기지 건설하기

여러 사항을 고려한 끝에 비밀 기지를 지을 만한 최적의 장소는 시청 뒤편의 산으로 결정이 났다. 그때가 벌써 2년 전 봄이었다. 그곳은 가까웠고, 숲이 우거졌으며, 약수를 뜨러 자주 다녔던 덕에 익숙했다. 대강의 장소를 선정한 후 아이와 함께 다섯 번, 그리고 혼자서도 여섯 번이나 꼼꼼히 현장을 살폈다. 비밀 기지를 어느 자리에 어떻게 지을지 구상하기 위해서였다. 그사이 아이에게 미리 생각해둔 비밀 기지가 있다면 설계도를 그려달라고 부탁했다.

아이는 땅을 파고 들어가는 비밀 기지를 고안했다. 아이의 상상대로 만들 수 있다면 완벽히 은폐되는 진짜 비밀 기지가 될 것이다.

문제는 나무들이 무성한 숲이라는 데 있었다.

아이는 나무뿌리가 다칠 수 있다는 말에 그 계획을 포기했다.

우리는 '나무들의 무덤'에 마음을 두고 있었다. 'V' 자로 팬 골짜기인데, 센 바람들이 거기로만 모여들었는지 여기저기 뿌리 뽑혀 나뒹구는 나무가 허다했다. 등산로를 따라 올라가다가 살짝 비켜선 후 왼쪽으로 산허리를 돌아가면 기다란 가지를 아치 형태로 드리운 상수리나무가 나온다. 비밀 기지의 대문 격인 나무다.

여기서 대략 30m 아래 쪽에 나무들의 무덤이 있었다. 우리는 머리를 맞대어 다시 설계에 들어갔고, 결국 그곳에 있는 쓰러진 나무 중에서 가장 큰 것을 척추로 활용해 사다리꼴 형태의 비밀 기지를 만들기로 했다.

화려하게 가을을 수놓았던 단풍이 다 떨어지고 겨울이 오자 우리는 본격적으로 움직이기 시작했다. 척추에 붙일 갈비뼈들을 부지런히 모아야 했다. 나무들의 무덤에는 흩어진 뼛조각이 무수히 많았다. 물론 갈비뼈도 충분했다. 우린 그걸 줍기만 하면 됐다. 하지만 산비탈을 오르내리는 일이란 결코 쉬운 일이 아니었다. 그래서 단번에 끝내기보다 시간을 쪼개어 자주 그곳에 갔다. 그러는 사이 겨울이 훌쩍 지나갔다. 숲이 여린 나뭇잎으로 싱그럽게 빛날 때, 밀린 숙제를 드디어 마쳤다. 혹시라도 비밀 기지를 우연히 발견한 사람들이 무서워서 발길을 돌리도록 주변에 한 가지 장치를 해두는 것으로 모든 일을 끝냈다. 실제로 그 장치는 제몫을 톡톡히 했다. 돌아보면 비밀 기지를 건설하는 일에는 나보다 아이가 더 적극적이었다. 제 키의 두세 배가 거뜬히 넘는 갈비뼈를 수십 개나 날랐다. 위장하기 위한 풀과 나뭇가지도 열심히 주워 왔다. 내가 하는 톱질에 끼어들어, 마를 대로 말라서 잘 켜지지도 않는 나뭇가지를 기어코 잘라내기도 했다. 비밀 기지를 만드는 과정에서 아이의 손과 얼굴에는 자잘한 상처가 예사로 생겼다. 비밀 기지와 맞바꾼 영광의 상처였다. 아이는 그 상처를 대단히 자랑스러워했다. 마냥 보듬어 키우는 건 내가 추구하는 보육 방식이 아니다. 나는 아이가 자립심이 강한 사람이 되길 원한다. 큰 나무 바로 아래 떨어진 씨앗은 싹을 틔우더라도 제대로 된 꼴을 갖춰 자라지 못한다. 대개 얼마 못 가 말라 죽는데, 겨우 살아남는다고 한들 나무로서 구실을 하기는 어렵다. 씨앗이 어엿한 나무로 성장하기 위해서는 모체의 뿌리가 미치지 않는 곳에서 자신의 뿌리를 펼쳐야 한다. 또한 모체의 그늘이 덮치지 않는 곳에서 햇빛을 양껏

받으며 줄기를 살찌워야 한다. 모체를 떠나는 순간 시련은 시작될 것이다. 거센 눈과 바람과 비에 모진 매질을 당하고 갖은 짐승과 벌레에게 찢기고 꺾인다. 그러나 꾹 참고 지켜보아야 한다. 그래야 그 여리기만 하던 녀석에게도 자신의 튼튼한 뿌리와 줄기로 우뚝 서서 드넓은 그늘을 드리우며 탐스럽고 달콤한 열매를 한가득 맺을 기회가 생긴다. 안쓰러운 마음에 당장 달려가서 어르고 달래는 건 엄밀히 따지면 진정으로 아이를 위하는 사랑이라고 할 수 없다. 기회의 싹을 자름으로써 결과적으로 고통을 주는 그 어리석음을 어찌 사랑이라 부를 수 있을까?

조심! 뱀 소굴

아이는 틈만 나면 비밀 기지를 찾아갔다. 어느 날은 커서 잘 맞지도 않는 내 목공용 고글과 자신의 자전거 헬멧을 챙겨 가거나, 어느 날은 망토로 변신을 꾀했다. 또 어느 날은 사진기나 커다란 바람개비가 동원되었다. 뭔가를 가져가면 가져간 대로 그것을 활용해 재미있게 놀았다. 아무것도 준비하지 않은 날도 있었다. 그렇다고 걱정할 필요는 없었다. 그런 날은 숲을 헤집으며 곤충과 꽃 따위를 관찰하거나 버찌, 보리수 열매, 오디 등을 따 먹으며 놀았다. 아이의 온 마음을 빼앗아 갔던 비밀 기지는 그러나

여기저기 널브러진 나무들을 주워 모아 뼈대를 만들고, 뱀 소굴인 것처럼 꾸며 사람들이 함부로 접근하지 못하도록 했다.

거짓말처럼 한순간에 잊혔다. 여름휴가차 닷새간 가족여행을 다녀온 이후 아이는 더 이상 비밀 기지에 가자는 이야기를 하지 않았다.

완전히 잊은 줄 알았던 아이가 문득 비밀 기지에 가보고 싶다고 한 것은 가을이 거의 끝나갈 무렵이었다. 우리는 거의 세 달 만에 비밀 기지를 다시 찾았다. 그곳으로 가기 전, 나는 아이에게 비밀 기지가 파괴되었을 가능성이 높다고 미리 언질을 해두었다.

다람쥐나 청서(청설모라는 잘못된 이름으로 알려진 동물이다. 청설모는 '청서의 털'이라는 뜻이다)가 배를 곯든 말든 도토리라면 눈에 불을 켜고 주워야 직성이 풀리는 숲의 약탈자들이 기지를 그냥 두었을 리 없다고 생각했기 때문이다. 아무런 마음의 대비도 없이 숲을 찾았다가 망가진 비밀 기지를 보면 아이는 울음을 터트려버릴지도 모른다. 그런 사태가 일어나는 것을 미연에 방지하고 싶었다.

무방비 상태에서 펀치를 허용하면 충격을 감당하기 힘들지만, 날아오는 걸 알고 맞는 펀치는 그나마 덜 아픈 법이다. 물론 세상이 예상대로만 흘러가는 것은 아니다. 가끔은 상상조차 할 수 없는 강펀치가 무자비하게 모든 걸 부숴버릴 때도 있긴 하다.

다행히도 내 걱정과 달리 비밀 기지는 온전했다. 위장용으로 덮어두었던 나뭇잎과 풀이 바싹 마르고 삭아서 뼈대가 훤히 드러나 있었지만 어디 한 군데 무너져 내린 곳 없었다. 어쩐 일일까? 약탈자들이 이리저리 헤집으며 다닌 흔적이 주위에 무수한데, 왜 우리 비밀 기지만 멀쩡할까? 그 이유를 곰곰이 따져보는데, 아이가 팻말을 가리켰다. '조심, 뱀 소굴.' 아, 그렇지. 혹시라도 누군가 침입할까 봐 팻말을 여러 개 박아뒀었다. 앞서 사람들이

완성된 비밀 기지 앞에서 아이가 놀고 있다.

발길을 돌리도록 설치했다고 언급한 장치가 바로 이 팻말이었다. 그게 효과가 있었던 모양이다. 작전이 멋지게 들어맞았다. 우리는 서로를 바라보며 흐뭇하게 미소를 지었다. 사실 이제 와서 하는 말인데, 전혀 무섭지 않게 그려진 뱀과 어설프게 지은 움막 같은 것을 보면서 무서운 뱀 소굴이라고 움찔했을 사람이 과연 몇이나 될까? 아마도 아이들끼리 혹은 어느 가족이 재미있는 시간을 보내는 소중한 장소라고 짐작했겠지. 그래서 우리의 비밀 기지가 무사했다고 보는 게 합리적일 것이다.
어쨌든 그날 다시금 비밀 기지에 낙엽을 충분히 덮어서 위장한 후, 내부도 말끔히 정리해두었다. 안에는 비둘기 솜털과 깃털이 널려 있었는데, 공짜로 생긴 집이라고 마음대로 들락거린 듯했다. 아니면 정체를 알 수 없는 굉장한 사냥꾼이 녀석을 잡아먹고 뒤처리를 하지 않았거나.

우리의 비밀 기지는 괜찮을까

그 며칠 후 가을이 완전히 그림자를 거둬들였음을 알리는 눈이 새벽을 기해 내렸다. 곤히 자던 아이를 흔들어 깨웠다.
"일어나. 겨울이 시작됐어. 눈이 내렸다고. 비밀 기지는 괜찮은 걸까? 궁금하지 않니? 가보자."
눈을 좋아하는 아이는 꿀같은 새벽잠을 마다하고 군소리 없이 일어났다. 우리는 중무장을 한 후 숲으로 향했다. 거리는 고요했다. 하얀 외투를 두껍게 껴입은 나무들이 포근해 보였다. 함박눈이 흩날리다 멈췄다를 반복했다. 아이가 말했다.
"벌써 봄이 왔나 봐요. 벚나무 가지마다 하얗게 꽃이 폈어요. 그리고 바람이 불 때마다 꽃잎이 흩날려요. 아름다워요."
아무도 가지 않은 길에 우리는 '뽀드득 뽀드득' 발도장을 찍으며 걸었다. 발자국을 남기면 길을 잃을 염려가 없으니 혼자서도 어디든 갈 수 있다고 아이는 믿고 있었다. 하지만 발자국은 내리는 눈에 이내 덮여 지워졌다. 결국 아이는 저 혼자 아무 데도 갈 수 없음을 깨닫고, 총총걸음으로 내 꽁무니를 쫓아왔다.
잘 정비해둔 덕에 비밀 기지는 완벽한 보금자리가 되어주었다. 우리는 옷과 털모자에 묻은 눈을 탈탈 떨고 기지 안으로 들어갔다. 그곳은 제법 따뜻했다. 언 몸을 녹이기에 충분했다. 아이는 추위에 볼이 빨개져 있었지만, 좀이 쑤신지 곧 비밀 기지 밖으로 나가 놀았다. 나무를 흔들어 그 가지에 묻은 눈을 쏟아져 내리게 하거나, 쓰러져 누운 나무 위에 올라가 눕거나, 두 손으로 눈을 한껏 모아서 공중으로 흩뿌리는 등 혼자 놀기의 진정한 달인이었다. 그런데 잠시 딴생각을 하는 사이에 아이가 내 시야에서 사라졌다. 하지만 나는 당황하지 않았다. 또 제멋대로 숨바꼭질을 시작한 게 틀림없었기 때문이다.
'미안하지만 이 숲은 내게 너무나 익숙한 곳이란다. 비밀 기지 장소를 고르려고 내가 얼마나 샅샅이 누빈 줄 아니? 숨어봐야 부처님 손바닥 안이다.'
아이의 영원한 술래인 나는 심드렁하게 비밀 기지 밖으로 나갔다. 그리고 큰 소리로 외쳤다.
"자, 그럼 찾는다?"
그런데 웬일일까? 사라진 지 채 2분도 지나지 않아서 아이가 스스로 나타난 것이다. 아이는 보리수나무가 있던 자리에 다녀오는

첫눈이 내린 날 아침 아이가 졸린 눈을 비비고 비밀 기지를 찾았다.

길이라고 했다. 지난 늦봄에 따 먹었던 새콤달콤한 열매 생각이 났다고 했다. 하지만 열매는커녕 나무조차 찾을 수 없었다고 하소연했다. 이파리가 다 떨어지고 없으니 이 나무가 이 나무, 저 나무가 저 나무 같았을 것이다. 게다가 봄의 열매가 겨울까지 남아 있을 턱이 있나. 허탕을 치는 게 당연했다. 나는 그 이유를 조근조근 설명해주었다.

사람은 겨울에 얼어 죽지 않기 위해 옷을 더 껴입어야 하지만, 나무는 오히려 입고 있던 옷을 다 벗어버려야 한다고, 그렇게 버리고 버텨야 다가오는 봄에 새 잎을 밀어 올릴 수 있다고, 그게 바로 버림의 지혜라고, 자기 것이라고 마냥 움켜쥐고 있을 수만은 없다고, 간혹 마음이 아파도 그걸 놓아야만 할 때가 있다고, 그래야 진짜 소중한 걸 지킬 수 있는 법이라고, 마찬가지로 사람과 달리 나무는 결실을 맺는 시기가 따로 있다고, 보리수 열매는 5~6월이 제철이라고, 어쩌고저쩌고…….

아이가 이해했는지는 모르겠다. 아니, 이해와는 별개로 아이의 실망감은 사라지지 않는 듯했다. 이럴 때는 얼른 화제를 전환하는 게 상책이다. 나는 갑자기 '마녀의 독버섯'이 먹고 싶은데 그걸 만들어줄 수 있느냐고 아이에게 물었다. 아이가 그제야 배시시 웃었다. 우리는 아무도 비밀 기지를 발견하지 못하도록 겨울에게 눈 좀 펑펑 내려달라고 부탁하면서 숲을 빠져나왔다.

자연스럽게 작별하기로 했다

집으로 돌아온 우리는 책장에서 모서리가 닳고 해진 책 하나를 꺼냈다. 그리고 22페이지를 펼쳤다. 거기에 독버섯 레시피가 있었다. 독버섯을 만들어 먹을 만한 존재는 이 세상에 딱 하나, 마녀밖에 없다. 아이는 마녀를 동경했다. 우리가 소유한 책에는 마녀가 되기 위해 알아야 할 모든 것이 들어 있었다.[1] 나는 거기에 나온 대로 계란, 토마토, 마요네즈 등을 준비해 꼬마 마녀에게 건넸다. 그녀는 계란을 삶고 토마토를 자르는 등 간단한 작업을 할 때도 아주 느릿느릿 조심스러웠다. 너무나 신중한 나머지 하품이 다 날 지경이었다. 꼬마 마녀는 계란을 삶은 후, 밑을 조금 잘라내서 반듯하게 세웠다. 그 다음 반으로 자른 작은 토마토의 속을 파서 그 계란 위에 얹었다. 토마토가 미끄러지지 말라고 마요네즈를 계란 위에 살짝 발랐다. 마지막 작업은 조금 어려웠다. 마요네즈를 짜서 토마토 위에 점을 톡톡 찍어야 하는데, 그녀의 손이 작은 탓에 뜻대로 되지 않았다. 결국 조수인 나를 불렀다. 그럼 그렇지. 위대한 마녀께서 그런 하찮은 것까지 손수 할 리가 있나? 나는 꼬마 마녀가 지시한 자리에 하얀 점을 12개쯤 만들었다. 드디어 완성됐다. 먹어도 죽지 않는 독버섯. 나를 위해 흔쾌히 독버섯을 요리해준 꼬마 마녀에게 무엇으로 보답할까? 두 팔을 벌려 그녀를 꼬옥 안았다. 그리고 마법 같은 말로 내 마음을 전했다. 누구나 할 수 있는 말, 흔하디흔해서 전혀 새로울 게 없는 말, 그러나 듣고 또 들어도 다시 듣고 싶은 그 말.

"사랑해."

우리는 그 겨울에 비밀 기지를 다시 가보지 못했다. 아이는 부비동염으로 겨우내 누런 콧물을 달고 살았다. 툭하면 목이 부어 체온이 예사로 38~39도를 오르내렸다. 아이에게는 찬 바람이 제집으로 돌아가면 그때 가보자고 약속했다. 그러나 봄에는 또 미세먼지가 어느 해보다 극심했고, 아이의 부비동염은 나아지지 않았다. 여름이 얼굴을 빼꼼 내밀고 나서야 마침내 그곳에 가볼 수 있었다. 갈비뼈들이 대부분 삭아 있었다. 대대적인 보수가 필요했다. 그렇지만 우리는 그냥 내버려 두기로 했다. 사용할 수 있는 한 사용하다가 자연스럽게 비밀 기지와 작별하기로 했다. 아마도 1년은 더 추억을 쌓을 수 있을 것이다. 아홉 살. 비밀 기지와 함께한 지 4년. 그쯤이면 적당하다 싶었다. 그때면 분명 절대 허물어지지 않을 비밀 기지를 자기 마음속에 만들 테니까.

"빨리 잔을 채워요.
테이블에는 단추와 겨를 뿌리고
커피에는 고양이를, 차에는 쥐를 넣어요.
삼십 번씩 삼창하여 앨리스 여왕을 환영하세!"
- 루이스 캐럴, 『거울 나라의 앨리스』[2]

왕께서 나가신다,
길을 비켜라!

어린이 대부분은 수많은 '제약'과 '거짓말'로 둘러싸인 울타리 안에서 양육된다. 엄연한 사실이다. 부모들이 자녀에게 가장 자주 하는 말의 순위를 매긴다면 "안 돼"와 "다음에"가 1위를 다툴 것임에 틀림없다. 두 말에는 어떤 상황이든 깔끔하게 정리해주는 '절대반지'와도 같은 힘이 있어서 부모들이 습관적으로 사용한다. 만약 결혼하고 자식을 낳는다면 절대 그러지 않으리라 다짐했건만, 돌아보니 나라고 별수 없었다. 아이는 왜 안 되는지 합당한 이유도 듣지 못한 채 자주 거절당했고, 영원히 오지 않는 다음에

기만당했다. 아, 그래서였을 수 있겠다. 아이는 유독 왕 역할 놀이를 좋아했다. 왕이 되면 얼마나 자유로운가. 아이에게 굉장히 미안한 마음이 들었다. 그래서 사과의 의미로 깜짝 제안을 했다. 왕 놀이를 감질나게 잠깐 하고 말 게 아니라 좀 더 충분히 오래 해보자는 것이었다. 아이의 대답은 들으나 마나였다.

그렇게 해서 내리 이틀 동안 아이는 달콤한 꿈을 꾸었다.

꿈속에서는 아이가 바라는 모든 것들이 이루어졌다. 아이에게 감히 뭐라는 사람이 없었다. 반대로 아내와 나는 굽실거리며 아이의 눈치를 살피는 신세로 전락했다. 아이는 하늘 아래 무서울 게 없는 절대 권력자 '왕'이 되었다.

여행을 떠나기에 앞서 다 같이 모여 앉아 아이의 '꿈의 무대'로 어디가 적당한지 여기저기 물색했다. 그 결과 경북 영양의 국립검마산자연휴양림이 최종적으로 결정되었다. 여름 성수기를 제외하면 무척 한산한 오지나 다름없는 곳이다. 특히 주말을 피한다면 자연휴양림 전체를 온전히 자신만의 별장처럼 이용하는 행운을 누릴 수도 있다. 우리는 그렇게 그곳을 이용해왔다. 이번 여행 역시 마찬가지였다.

이 자연휴양림에는 TV가 아예 없었다. 자연에 집중하라는 의미였다. TV가 없는 대신 잘 관리된 숲속도서관이 있었다. 온통 나무로 둘러싸인 숲에서 새들의 노래를 들으며 책을 읽을 수 있는 멋진 공간이었다. 아이는 거기서 책 읽는 것을 아주 좋아했다.

장소가 정해지면서 식사는 직접 해 먹는 쪽으로 결정이 났다.

근처에 식당이라고는 찾아볼 수 없기 때문이다. 무엇을 먹을지는 출발 당일 왕의 의견을 따르기로 했다.

검마산자연휴양림은 오지나 다름없어서 한적하다.
자연에 집중하라는 의미로 TV를 없애고 숲속도서관을 만들었다.

난상토론 끝에 정해진 여행의 규칙

우리는 여행의 규칙도 세웠다. 쉽지 않았다. 일부 항목에서는 의견이 부딪혀 난상토론이 벌어졌다. 아이는 저 하기 싫을 때 언제든지 왕에서 물러날 수 있어야 한다고 주장했다. 그리고 어떤 결정도 왕은 다시 바꿀 수 있어야 한다고 했다. 결정에 대한 책임 소재 부분도 부담스러워했다. 그 논란의 규칙은 이렇다.

1. 왕은 결정을 반드시 스스로 내리며, 결코 결정을 미루거나 회피해서는 안 된다.
2. 신하는 왕의 결정을 유도하는 행위를 어떤 식으로든 해서는 안 된다.
3. 신하는 왕의 명령에 이유를 불문하고 복종한다.
4. 왕의 결정으로 말미암은 결과는 모두가 감수하되, 그 책임은 전적으로 왕이 진다.
5. 결정된 사항은 원칙적으로 변경할 수 없지만, 왕에 의해 단 한 번 바꿀 기회가 있다.
6. 왕과 신하는 그 위치에 어울리는 말을 쓴다.
7. 왕은 자기 마음대로 자리를 내려놓을 수 없다.
8. 위 규칙은 여행을 나서는 순간 적용되며, 여행을 끝마치는 순간 해제된다.

사실 아이가 반감을 가졌던 항목은 대부분 일어날 가능성이 거의 없는 것들이었다. 왕위에 올라 무소불위의 권력자가 되는 그 재미있는 것을 아이가 왜 먼저 그만두겠다고 할까? 또한 왕 자신을 부담스럽게 만들 정도의 잘못된 결정을 과연 1박 2일 동안, 그것도 깊은 산속에서 내릴 일이 얼마나 있을까? 다만 마음대로 아무 때나 결정 사항을 바꿀 수 없다는 불만 정도가 남는데, 변덕을 부리는 게 옳지 않음은 아이 자신이 잘 알기에 처음부터 이 항목은 문제 될 게 없었다. 어쨌든 무슨 일을 하더라도 규칙은 반드시 엄정하게 세워두어야 한다. 이는 곧 권리와 의무 그리고 책임의 한계를 설정하는 작업이기 때문이다.

가을이 절정으로 치달아 온 산이 단풍으로 물들 무렵, 드디어 우리는 아이가 왕이 되어 모든 것을 주관하는 1박 2일의 여행을 떠났다. 갈 길이 멀기에 새벽같이 길을 나섰다. 자동차에 오르자마자, 아이는 지엄한 왕으로 순식간에 변신했다. 규칙 6항처럼 아이는 왕이라는 신분에 맞게 내게 명령했다.

"자, 어서 출발하자꾸나. 제발 부탁인데 운전 좀 살살 하거라."

그간 아이는 내 운전 스타일이 못마땅했던 모양이었다. 사실 나는 운전을 다소 거칠게 할 때가 간혹 있다. 뜨끔했다. 그나저나 아이의 말투가 어찌나 우습던지, 대놓고 킥킥대지는 못하고 속으로 웃음을 삼키느라 꽤 애를 먹었다.

우리는 장장 4시간을 달려 영양읍내에 닿았다. 곧장 검마산자연휴양림으로 가서 여독을 풀고 싶은 마음이 굴뚝같았으나 장을 봐야만 했다. 복개천 변 조그만 마트에서 늦은 점심거리와 저녁거리, 그리고 이튿날 아침거리까지 장만했다. 집에서 김치를 비롯해 밑반찬을 가져왔으므로 국거리와 약간의 음료 정도면 충분했다. 우리의 왕께서는 저녁에 삼겹살 파티를 해야 한다며 정육 코너로 이끌었다. 그런데 정작 자신은 한우 등심에 마음을 빼앗겼다. 삼겹살과 함께 왕께서 드실 만큼의 등심을 조금 구입했다. 왕께서는 가물에 콩 나듯 허락되곤 하는 탄산음료와

절대 권력자가 된 아이.

과자마저 서슴없이 집어 들었다. 그 행동을 견제할 수단이 없었다. 그가 왕이었으므로. 여행 예산에 대한 논의가 없었던 것이 매우 후회가 됐다. 왕께서는 아직 경제 개념이 없었다. 만약 왕께서 일곱 살이 아니라 아홉 살이나 열 살쯤 됐더라면 규칙 항목에 예산의 편성과 집행 권한을 부여하고 사후에 이를 철저히 감사함으로써 그에 따른 책임도 분명히 물었을 것이다.
예상한 대로 손님이라고는 우리밖에 없는 검마산자연휴양림에 도착한 후 왕께서는 간단히 점심을 먹고 산책하기로 했다. 왕께서는 자신이 고른 탄산음료를 혼자 먹기가 미안했던지, 우리 신하들에게 마시고 싶지도 않았던 커피를 강권했다. 폭압적 행위는 그것이 다가 아니었다. 과자 봉지에 손을 잘 넣을 수 있도록 입구를 벌리고 옆에서 있을 것을 지시하기도 했다. 모욕적 처사였다.
늦은 오후가 되자 배가 부를 대로 부른 왕께서는 소화를 시킬 겸 산책에 나섰다. 유치원에서 만들었다던 금빛 왕관을 쓰고 핑크색 망토를 둘렀다. 긴 나뭇가지를 주워서는 목마로 삼았다. 왕께서는 자신의 모습에 만족한 눈치였다. 얼굴에서 뿌듯한 미소가 떠나지 않았다.

권력의 무상함을 모르는 순진한 왕이시여

한편, 이날 하마터면 우리 신하들의 목이 날아갈 뻔한 사건이 하나 있었다. 모험심이 강한 왕께서 자신의 키보다 훨씬 높은 바위에서 뛰어내리다가 혀끝을 깨물었던 것이다. 입안은 찢어진 혀에서 나온 피로 붉게 물들었다. 우리는 몸 둘 바를 몰라 바르르 떨었다. 다행히 인자하신 왕께서 "의젓하게 참아야 진짜 왕"이라며 보필을 제대로 못한 우리에게 책임을 묻지 않았기에 망정이지, 다시는 살아서 빛을 보지 못할 뻔했다. 어떤 식으로든 그 은혜에 보답해야 했다. 산책에서 돌아온 왕께서는 집에서 가져간 부루마블과 자연휴양림에 비치된 각종 보드게임을 하고 싶어 했다. 우리는 단 한 마디도 토를 달지 않았다. 그리고 왕께서 스포트라이트를 받게끔 기꺼이 붉은 양탄자가 되어주었다. 왕께서는 연전연승했다.
저녁이 되자 왕께서는 직접 골라 장바구니에 넣었던 한우 등심으로 배를 채운 후, 책을 읽거나 그림을 그리면서 평소보다 훨씬 늦은 시간까지 잠을 청하지 않았다. 우리 신하들로서는 할 수 있는 게 없었다. 규칙 2항에 근거해 "혹시 졸리지는 않으시냐?"고 물어서 컨디션을 이따금 확인하는 게 전부였다. 왕께서는 만에 하나 괴물이 나타날 수도 있다는 이유로 자신이 잠들기 전까지 신하들에게 "깨어 있으라" 명령했다. 아내와 나는 꾸벅꾸벅 졸면서도 끝끝내

곯아떨어지지는 않았다. 부당했지만 힘없는 신하 주제에 뭘 어쩌랴.

둘째 날, 왕께서는 아침 아홉 시가 다 되어서야 잠에서 깼다. 그 시간에 일어난 것조차 용할 정도로 늦게 잠자리에 들었기 때문이다. 전날 밤 왕께서는 이튿날 일정을 다 계획해놓았다. 그것에 따르면 잠에서 깬 시각에 우리는 이미 검마산 정상에 있어야 했다. 열한 시까지는 하산해서 아침 겸 점심을 먹어야 했고.
늦잠 탓에 단풍이 화려하게 든 검마산 등산 계획은 없던 일로 돌아갔다. 대신 검마사 터까지 다녀오는 것으로 일정이 수정되었다. 왕께서는 자신이 잘못해서 일정이 흐트러진 것에 대해 결코 사과하지 않았다. 미안한 마음을 조금이라도 가질 법한데 체면도 다 벗어던진 채 천방지축 숲 속을 뛰어다니며 옷과 신발에 도꼬마리를 다닥다닥 붙여놓고 신하들만 더 고생시켰다. 곧 떨어져 퉈퉈해질 가을의 단풍처럼 자신의 시간이 얼마 남지 않았음을 알고나 있었을까? 여행에서 있었던 일들을 가지고 치사하게 책임을 묻지는 않겠지만, 적어도 아내의 눈에서 나가는 강렬한 레이저 광선만큼은 피할 수 없을 텐데. 권력이란 영원한 것이 아님을 왕께서는 모르는 듯했다. 그러니 분위기 파악을 못 하지. 아, 바보 같은 왕이시여.
언제나 체크인 시간은 더디 오고 체크아웃 시간은 빨리 오는 법이다. 산책을 다녀오니 어느덧 떠나야 할 때가 다 되어 있었다. 우리는 허겁지겁 허기를 때우고 서둘러서 짐을 꾸렸다. 왕의 표정은 시무룩했다. 자신의 봄날이 끝나가고 있음을 깨달았기 때문이다. 아내와 나는 다음을 기약하며 왕을 달랬다. 왕께서는 꼭 그래야 한다고 몇 번이나 확인받고서야 마음을 풀었다. 왕께서는 이날

직접 만든 왕관과 핑크색 망토를 두르고 한 손에는 나뭇가지를 든 왕.
검마사 터에서 그 일대가 자신의 영토가 됐음을 선포하고 있다.

특별한 선물 하나를 받았다. 청서가 쪼갠 가래나무 열매로 만든 열쇠고리였다. 휴양림에 근무하는 직원이 왕의 방문을 기념하며 선물로 주었다.

아이와 나의 자리를 맞바꾸며 얻은 것

퇴위가 눈앞인 왕께서는 돌아오는 차 안에서 피곤했는지 이내 잠에 빠져들었다. 나는 1박 2일의 여행을 되짚어보았다. 부모의 간섭과 제지의 족쇄가 풀린 왕께서는 물 만난 고기처럼 자유를 만끽했다. 그 과정에서 가끔 우리 신하들을 불합리하게 대우하기도 했다. 그런데 이 부분이 나를 창피하게 했다. 왕께서 누굴 보고 배웠을까? 태어나서 가장 많은 시간을 보낸 사람 중 하나, 특히 우리 집안의 최고 권력자인 나를 보며 뇌의 거울뉴런이 작동했을 것이 뻔하다. 그 뉴런은 내 행동을 복사해서 활성화했을 것이다. 왕께서 과자 봉지를 벌리고 서 있으라고 명령했던 것도 내가 언젠가 했던 짓궂은 장난이었음이 문득 떠올랐다.
만약 자신에 대해 궁금하다면 아이와 자신의 자리를 맞바꿔 보자. 평소 거짓말은 하지 않았는가. 자신의 일에 성실했는가. 약속을 소중히 여겼는가. 누구에게나 차별 없이 대했는가. 환경을 사랑했는가. 예의는 바른가. 정리정돈은 잘했는가. 배부른 밥투정은 하지 않았는가. 아이가 여실히 보여줄 것이다. 아이를 나무라거나 가르치기는 쉬웠지만 정작 자신은 어땠나? 프리드리히 니체는 "행동함으로써 내버려 둔다"[3]고 했다. 해야 할 것들을 몸소 함으로써, 하지 말아야 할 것들과 자연스럽게 작별하게 만든다는 뜻이다.

아이에게 마땅히 어떠해야 한다고 말하는 모든 주문은 동시에 스스로에게 던지는 것이어야 한다. 정작 자신은 실천하지 않으면서 아이에게 그리하라는 말에 무게감이란 없다. 가벼운 말은 결코 사람의 마음을 움직이지 못한다. 부모가 공허한 말을 반복하다 보면 아이는 저절로 그것을 부모의 습관이라고 여기게 된다. 그리고 무시하기 시작한다. 부모의 말을 무시하고, 무시해도 무방한 말을 하는 부모를 무시한다. 아이를 변화시키고 싶다면 자신이 먼저 변해야 한다. 간단하다. 말에 앞서 행동을 보여주는 것이다. 생활 속에서 설득력을 상실한 부모의 말은 차츰 명령과 협박이라는 흉기로 변해서 아이를 해친다. 반면 부모의 묵묵한 행동은 좋은 본보기가 되어 전혀 거부감 없이 아이의 동참을 이끌어낸다. 그러니 아이에게 반복적으로 쏟아내는 지적과 요구를 당장 멈추어야 할 것이다. 그리고 행동해야 할 것이다. 그러면 부모를 바라보는 아이의 눈빛도 달라진다. 부모가 꾸준할 수만 있다면 잃어버렸던 신뢰도 다시 찾게 되고 말에도 힘이 실린다. 이러한 사실을 알려주는 여행이라면 아이가 왕이 되고 내가 신하가 된들 그게 무슨 대수일까?

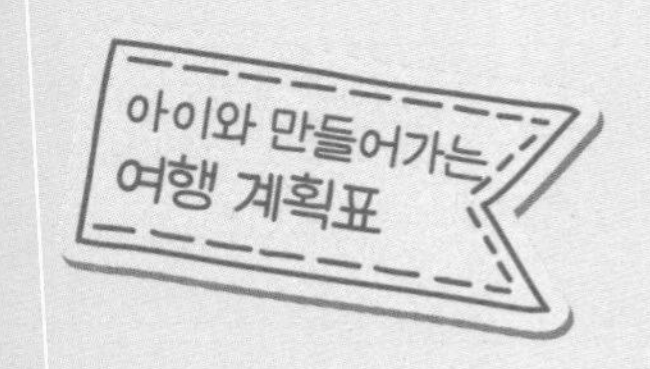

1. 잃어버린 밤을 찾아서

여행 목적은? 밤에 대한 공포를 떨치고 밤과 친구 되기.
어디로 갈까? 캠핑 초보라면 오지 캠핑보다는 인가된 캠핑장을 먼저 이용하며 분위기를 익히는 게 순서. 한국관광공사 고캠핑(www.gocamping.or.kr)에서 캠핑장 정보를 얻을 수 있다.
[본문 여행 중] 해발 980m의 양구두미재는 강원도 횡성군 둔내면과 평창군 봉평면의 경계에 위치한 태기산 9부 능선의 고개로 차량 접근이 가능하다. 강원도 정선군에 자리한 고즈넉한 자작나무숲도 추천한다.
어떻게 할까? '조용한 밤'을 누리고 싶다면 주말을 피해 작심하고 시간을 내어 주중에 떠나자. 오지 캠핑이 아닐지라도 충분히 빛과 소음으로 방해받지 않는 밤을 만날 수 있다. 그렇게 캠핑에 이력이 붙으면 차츰 오지 캠핑에도 도전해보자.
필요한 것은? 미니멀 캠핑을 위한 최소한의 장비와 별 관측용 쌍안경.

2. 구름에 오르다

여행 목적은? 궁금한 게 있다면 직접 해보는 것보다 더 나은 방법이 없다는 것 가르치기. 비록 그게 무모하기 짝이 없을지라도. 뭐 추억은 될 테니까.

어디로 갈까? 그나마 어렵지 않게 구름 위에 올라볼 수 있는 장소로는 지리산 노고단(성삼재 주차장에서 2.5km), 임실 옥정호전망대(주차장에서 20분가량 소요) 등이 있다. 단양 양백산활공장은 자동차로도 오를 수 있다.

[본문 여행 중] 무주리조트에서 곤돌라를 타고 덕유산 설천봉(1,525m)으로 올라갔다. 향적봉으로 이동해서 해거름을 보고 밤은 향적봉대피소에서 보냈다. 새벽에 향적봉에서 구름바다 위로 떠오르는 해를 본 후 짐을 꾸리고 백련사 방향으로 내려갔다.

필요한 것은? 산 위에서 숙박을 하지 않는 이상 새벽을 틈타서 올라야 하므로 충분한 방한용 옷과 손전등 필히 지참.

이상과 현실 주변에 수분 공급원이 있을수록, 낮에는 따뜻하고 밤에는 추울수록, 바람이 불지 않을수록 운해가 필 가능성이 높다. 하지만 미리 확인하고 먼 길을 달려갔는데, 하필 어떤 조건이 미묘하게 맞지 않아서 운해를 보지 못하고 돌아서게 될 수도 있다. 아이의 실망감을 어떻게 달랠지도 미리 염두에 두길.

3. 아이의 비밀 기지 건설하기

여행 목적은? 세상에 단 하나뿐인, 아이만을 위한 공간을 선물하기. 비밀 기지를 만드는 과정에서 느끼는 설렘과 즐거움은 덤.

어디로 갈까? 짓다 만 건물이나 폐가 같은 곳은 별 노력 없이도 당장 비밀 기지로 이용할 수 있다. 그러나 우범 지대가 될 가능성이 있는 그런 곳은 절대 사절. 역시 가까운 동네 숲이 최고. 비록 코딱지만 할지언정 어느 동네나 숲을 끼고 있다. 그 숲을 자세히 탐사해보면 반드시 비밀 기지로 삼기 적합한 곳이 있다.

어떻게 할까? 설계와 시공의 주체는 아이. 부모는 단순 노무자. 모든 과정이 행복한 놀이. 그렇게 놀면서 만든 비밀 기지가 어찌 소중하지 않을까?
필요한 것은? 손발 보호용 목이 긴 장갑과 신발, 비밀 기지 뼈대를 단단히 고정하기 위한 줄.

4. 왕께서 나가신다, 길을 비켜라!

여행 목적은? 아이가 왕이 되고 부모가 신하가 되어 서로의 입장 이해하기.
어디로 갈까? 한적한 휴양지면 금상첨화. 사람이 많은 곳도 별 상관은 없다. 망토를 두르고 왕관을 쓴 아이가 의기양양하게 다닌들 이상하게 쳐다보기보다 귀여워서 어쩔 줄 몰라 할 테니까.
[본문 여행 중] 경북 영양의 국립검마산자연휴양림. 여름 성수기를 제외하면 무척 한산한 오지나 다름없는 곳이다. 주말을 피한다면 자연휴양림 전체를 온전히 자신만의 별장처럼 이용할 수도 있다. TV가 없는 대신 잘 관리된 숲속도서관이 있다. 온통 나무로 둘러싸인 숲에서 새들의 노래를 들으며 책을 읽는 멋진 공간.
어떻게 할까? 규칙은 철저히 세워야 한다. 특히 우리가 간과한 '경제적 한계 설정'을 잊으면 안 된다. 그러지 않았다가는 눈 깜짝하지 않고 등심과 다디단 과자들을 덥석 집어 들어도 속만 끓일 수밖에 없다.
필요한 것은? 왕이라면 모습 또한 왕다워야 한다. 종이 왕관과 보자기 망토는 필히 준비할 것.

진정 중요한 건 단순히 눈에 비치는 모습이 아니다.
그것이 과연 그 자체로 무엇이며,
또한 나에게 무엇인가 하는 점이다.
그러므로 세상은 '보이는 것'이 아닌 '보는 것'이다.
나는 아이에게 이 사실을 가르쳐주고 싶었다.
그런데 어떤 면에서 아이는 그 사실을 이미 알고 있었다.

본다는 것

"내 눈에는 뚜렷하게 보이는 50등성의 어떤 별들이 당신의 작은 눈에는
보이지 않는데,
그렇다면 당신은 그 별들도 존재하지 않는다고 결론지으실 겁니까?"
- 볼테르, 『미크로메가스』

아주 작은 빛의 기적,
반딧불이를 찾아서

어느덧 더운 바람이 불어와서 여름의 시작을 알리던 6월 초.
슬슬 어스름이 깔릴 무렵 우리는 깊고 깊은 숲으로 한참을 걸어
들어갔다. '곶자왈'이라는 이름으로 불리는 아주 특별한 제주의
숲이었다. 곶자왈은 화산 폭발 당시 분출된 용암 덩어리들이
불규칙하게 쌓여 있는 지대에 형성된 원시림이다. 우리의 목적은
반딧불이를 보는 것이었다. 곶자왈로 가기 전 잠시 짬을 내어
모처럼 시골집에 들렀을 때, 아버지께서는 "호박꽃이 피기에는
이른 시기가 아니냐?"면서 헛걸음을 할 공산이 크다고 걱정하셨다.

진달래가 망울을 터트려야 청어잡이 배가 돛을 달고, 밴댕이는
오월 사리가 되어야 기름이 오르는 법. 모름지기 자연에는 때라는
게 있다. 반딧불이는 호박꽃이 필 무렵부터 밤하늘을 밝힌다.
하지만 텃밭에 호박을 심지 않은 지 족히 이십 년은 넘었기에, 꽃이
예전보다 훨씬 일찍 핀다는 사실을 아버지는 잘 모르시는 듯했다.
호박꽃뿐만 아니라 모든 꽃의 개화가 빨라졌다. 지구온난화 탓이다.
어쨌든 호박꽃은 이미 피어 있었다. 마찬가지로 반딧불이도 급히
도는 지구의 시계에 맞춰 야간 비행 활동을 개시한 상태였다.
반딧불이를 보려고 곶자왈의 중심부 방향으로 들어가던 길에
우리는 뜻밖의 동물을 만났다. 풀과 나무가 어지럽게 뒤엉킨
덤불 뒤에서 부스럭거리는 소리가 들려 고개를 돌려보니 노루 한
마리가 빤히 쳐다보고 있었던 것이다. 우리는 즉시 걸음을 멈췄다.
우리와 노루 사이에 묘한 긴장감이 흘렀다. 정지된 화면 속에서
오로지 바람만이 자유를 누렸다. 녀석과 우리의 대치는 그러나
개미 한 마리 때문에 싱겁게 끝나버리고 말았다. 조그만 개미가 내
손등을 타고 오르는 바람에 간지러워서 그만 무의식적으로 흔들어
털었는데, 녀석이 '때는 이때다' 하고 후다닥 자리를 떠버렸다.
노루 입장에서 보자면 인간은 모든 게 제멋대로인 위험한 존재다.
일제강점기에는 무차별적으로 잡아들여 씨를 말렸고, 1987년에는
맘껏 뛰노는 노루를 볼 수 없어서 아쉽다며 보존운동을 선포했다.
지난 2013년에는 다시 숫자가 너무 많아져서 골치라며 유해 조수로
지정하고 사냥을 허가했다. 상황이 이러니 내가 노루라도 결코
얼굴을 맞대고 싶지 않았을 것이다.

반딧불이를 보러 가던 중 노루를 만났다. 곶자왈에는 노루가 흔하다.

거대한 우주 같았던 반딧불이의 숲

아직 해가 이울기 전이었으므로 반딧불이는 눈에 띄지 않았다. 아이는 실망한 기색이 역력했다.

"눈에 보이지 않는다고 없는 게 아냐."

날개가 검고 앞가슴등판이 적황색인 시시한 곤충이 날아오를 시간을 기다리며 나무와 풀 위에서 휴식을 취하고 있었다. 나는 그중 하나를 가리켰다.

"말도 안 돼. 저 이상하게 생긴 게 반딧불이라고요?"

꽁무니에 불을 밝힌 채 날아다니는 곤충만을 반딧불이라고 생각했던 아이는 적잖이 충격을 받았다.

"그거라면 나도 여러 개 봤는데……."

"그래, 하지만 그게 반딧불이라는 걸 미처 몰랐지? 사실 아는 만큼 보이는 법이야. 잘 모르면 옆에 두고도 없다고 생각하게 돼. 그러니까 관심이 있다면 뭐든 열심히 알려고 노력해야 해. 그래야 제대로 볼 수 있어."

숲 속 조그마한 빈터에 우리는 준비해 온 작은 텐트를 쳤다. 그리고 밤이 선물 상자를 꺼낼 때까지 조용히 기다렸다. 마침내 하늘의 잔광마저 사그라지자 텐트 안은 어둠 그 자체가 되었다. 이따금 들리던 뭔가의 기척이 더욱 선명해졌다. 기껏해야 겁쟁이 노루나 먹이 활동에 나선 오소리일 텐데, 어둠은 그 소리를 우리의 심장에 직접 쏘아대며 신경을 곤두서게 만들었다. 얼마나 시간이 흘렀을까? 공포를 불러일으키던 소리에도 차츰 익숙해질 무렵, 텐트 안으로 희미한 빛이 살포시 비쳤다. 깜빡 깜빡. 밖에서 어떤 장난꾸러기가 전등 스위치를 켰다 껐다 하는 게 틀림없었다. 그런데 전등이 한두 개가 아니었다. 여기저기서 깜빡 깜빡 깜빡……. 숲을 밝히는 작은 별, 반딧불이가 날아오른 것이었다. 나는 그새 졸고 있던 아이를 깨워 서둘러 텐트 밖으로 나갔다. 밤이 까만 장막을 드리운 숲이라는 무대에서 수많은 반딧불이가 화려한 군무를 추고 있었다. 놀라운 그 광경에 우리는 입을 다물지 못했다. 두리번거리며 여기저기서 내보내는 반딧불이 불빛을 바라보고 있자니 숲이 마치 거대한 우주처럼 느껴졌다. 반딧불이의 불빛은 암흑의 우주를 밝히는 별빛 같았다. 콕 박혀 미동조차 하지 않는 붙박이별, 일정한 속도로 예상 가능한 궤적을 남기며 이동하는 살별, 순식간에 눈앞에서 사라져버리는 별똥별들이 황홀경을 연출했다.

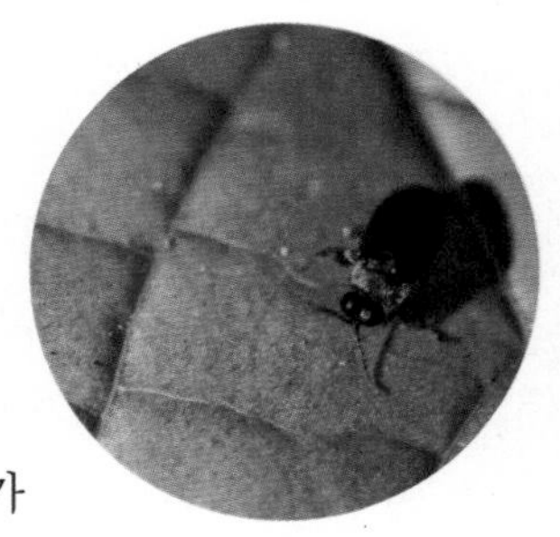

불빛을 내지 않을 때의 반딧불이는 이렇게 생겼다.

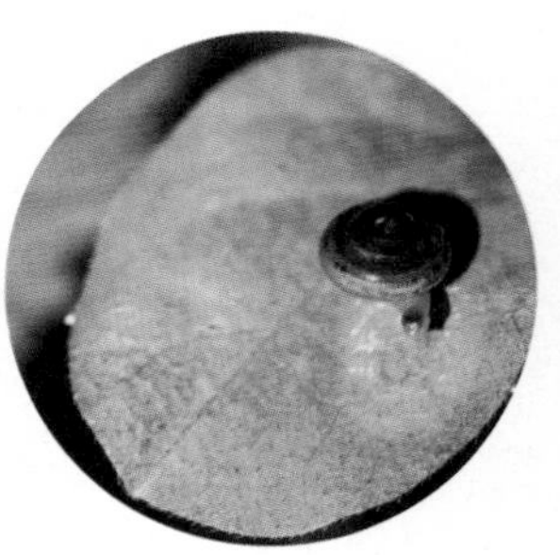

반딧불이 애벌레들의 주먹이인 달팽이.

그런데 어지럽게 반짝이는 그 별들을 유심히 관찰하던 아이가 갑자기 현기증을 호소했다. 충분히 그럴 만했다. 눈앞에서 엄청난 수의 조명이 예고도 없이 깜빡거리는데, 나 또한 약간 현기증이 났다. 나는 가만히 눈을 감고 있으면 곧 괜찮아질 거라고 안심시켰다. 하지만 소용이 없었다.

"아빠, 똑같아요. 눈을 감아도 반딧불이가 막 날아다녀요."

방금 전 머리가 어지러워 힘들다던 아이는 어디 가고, 들뜬 목소리였다. 아내와 나도 아이처럼 눈을 질끈 감아보았다. 깜깜해서 아무것도 보이지 않아야 정상인데, 아이의 말처럼 반딧불이들이 여기저기서 날아다녔다. 반딧불이가 빚어낸 밤의 풍경에 감동한 뇌라는 녀석이 나중에 꺼내 보려고 녹화해두었던 영상의 재생 버튼을 눌렀음이 분명했다. 아무튼 신기한 일이었다.

생명의 춤, 죽음의 춤

반딧불이는 짝을 찾기 위해 불빛을 내면서 난다. 이를 혼인비행이라고 한다. 그 모습이 우리에게는 아름답게만 느껴지는데, 반딧불이는 처절하기 그지없다. 수컷들이 공중에서 춤을 추며 사랑을 받아달라고 있는 힘껏 불빛을 반짝이면, 그것을 보고 암컷들이 아래에서 허락의 불빛을 보낸다. 반딧불이의 불빛은 보통 세 가지로 분류할 수 있는데, 길이와 세기가 저마다 다르다. 구애를 하는 수컷들은 짧게 끊어서 강하고 빠르게, 응답을 하는 암컷들은 1회 길게, 둘이 만나 사랑을 할 때는 짧고 약하게 낸다.[4] 거의 1년 동안 땅이나 물에서 지내다가 혼인비행을 하는 수컷들은 짝짓기를 마치면 곧 죽는다. 며칠이 지나 산란을 마친 후 암컷도 죽는다. 반딧불이의 춤은 자신의 유전자를 후세에 남기는 생명의 춤인 동시에 자신은 그로 인해 소멸하는 죽음의 춤이다.
반딧불이는 전 세계에 2,100종가량 있다. 따뜻한 지역을 좋아하는 특성상 우리나라에 서식하는 반딧불이 종류는 아주 적다. 9종이 있는 것으로 알려져 있지만, 현재 관찰되는 것은 늦반딧불이, 파파리반딧불이, 애반딧불이, 운문산반딧불이 4종에 불과하다. 곶자왈의 여름밤을 빛으로 수놓는 종은 운문산반딧불이다. 1931년 6월 경남 운문산에서 일본인 도이 간초가 처음 발견했다.

반딧불이는 애벌레도 빛을 낸다. 알조차도 마찬가지로 빛을 낸다. 애벌레는 성충보다 2~3배 더 크고 포식성이 대단하다. 주로 다슬기와 달팽이를 잡아먹는다. 곶자왈에는 달팽이가 아주 많다. 습도가 높은 편이어서 달팽이가 번식하기에 더없이 좋은 환경이다. 가지고 간 포충망으로 우리는 반딧불이를 몇 마리 잡았다. 치사하지만 암수 간에 보내는 신호를 모방해서 포충망 없이도 반딧불이를 잡을 수 있다. 손전등을 땅이나 풀에 대고 불빛이 0.2초 정도 길이가 되도록 1초 정도 간격을 두고 깜빡이기를 반복하면 암컷이 보내는 신호인 줄 알고 수컷들이 날아든다. 아이는 반딧불이를 직접 포획하고도 그것을 만지면 손을 데지나 않을까 쓸데없는 걱정을 했다. 그러나 반딧불이의 불빛은 냉광, 즉 열이 없는 차가운 빛이다. 그 사실을 말해주니 용기를 내어 검지손가락 끝을 발광마디에 살짝 가져다 댄 아이가 정말 뜨겁지 않다는 사실에 놀라 토끼눈을 떴다.

반딧불이와 함께한 여름

우리는 한참을 반딧불이의 춤을 감상하다가 너무 어지러워서 잠시 쉬려고 텐트 안으로 들어갔다. 잡아서 유리병 속에 넣어두었던 반딧불이들이 반짝이며 텐트를 밝혔다. 그것들을 다시금 숲으로 날려 보내고 가만히 앉아 있노라니 갑자기 텐트 바깥이 비정상적으로 밝아졌다가 어두워지기를 반복했다. 여기저기서 어지럽게 빛을 내는 것이 아니라 동시에 불을 밝혔다가 껐다. 집단때맞음이라 불리는 현상이었다. 다른 반딧불이의 빛을 감지하고 모두가 그에 맞춰 빛을 내는 것이다. 그 현상은 한동안

곶자왈을 환상적으로 밝혔던 수많은 반딧불이 별들.

계속되었다. 신기해하던 아이는 자정을 넘기자 눈꺼풀의 무게를 견디지 못하고 달콤한 잠에 빠져들었다. 반딧불이의 불빛이 은은한 수면등이 되어 아이를 편안히 재웠다.

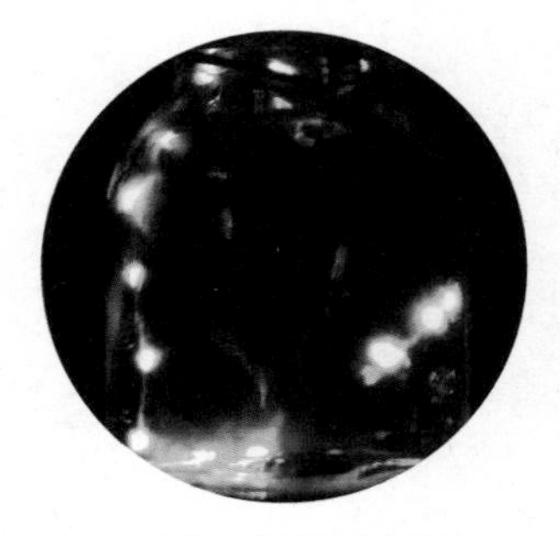

가지고 간 포충망으로 잡아서 유리병에 넣어두었던 반딧불이가 빛을 내고 있다.

이 여름에만 우리는 세 차례 반딧불이를 만나러 갔다. 그중 하루는 추적추적 비가 왔다. 그냥 돌아가려다가 혹시나 해서 기다렸는데, 우중에도 수컷 반딧불이들이 사랑을 찾아 헤맸다. 텐트를 때리는 빗소리를 들으며 반딧불이의 춤을 바라보는 그 기분을 어떻게 표현해야 할까?

반딧불이와 함께한 여름은 참으로 행복했다. 그런데 언제까지 그 행복을 맛볼 수 있을지는 모르겠다. 삼사십 년 전만 해도 시골 어디에서나 흔하게 볼 수 있었던 게 반딧불이다. 하지만 이제는 곶자왈처럼 깊은 숲에서나 만날 수 있다. 환경오염 때문이다. 반딧불이는 대표적인 환경지표종이다. 반딧불이를 오지로 몰아낸 것은 다름 아닌 인간이다. 반딧불이는 이제 더 이상 갈 데가 없다. 지금이라도 환경 보호를 위해 적극적으로 행동하지 않는다면 더 이상 반딧불이의 아름다운 춤을 그 어디에서도 보지 못하게 될 것이다. 반딧불이를 살린다는 것은 흙과 물과 공기를 살리는 일이며, 이는 곧 거기에 기대어 사는 수많은 생명, 궁극적으로 인간을 살리는 일이다.

색깔은 세계 속에 있는 것이 아니라 마음속에 있다.
- 다이앤 애커먼, 『감각의 박물학』

노란색 달빛을 훔쳐 먹은 날

세상의 거의 모든 것들은 색이라는 옷을 입고 있다. 그리고 우리는 그 색을 본다. 그런데 색을 반드시 눈으로만 봐야 할까? 색은 맛으로도 볼 수 있다.
빨간색은 새콤한 석류 맛, 연두색은 고소하면서도 떫은 첫물차 맛, 검회색은 아궁이에 덜 마른 불쏘시개를 넣었을 때 나는 매캐한 연기 맛이다. 하얀색은 짜디짠 소금 맛인 동시에 달콤한 블루베리 과분 맛, 보라색은 씁쓸한 라일락꽃 맛, 노란색은 시큼한 레몬 맛이다. 또한 노란색은 아이가 여섯 살 여름에 훔쳤던 달맞이꽃의

어떤 맛이기도 하다.

불볕더위가 한창 기승을 부리던 8월 초, 우리는 노란색 달맞이꽃을 따라 동강 변에 자리 잡은 강원도 정선군 신동읍 덕천리 거북마을로 향했다. 여름이면 시골 어디서나 흔히 보이는 게 달맞이꽃인데 굳이 특정 장소를 정해서 갔던 까닭은 따로 있다. 들꽃으로 차를 만드는 이가 거기 있었기 때문이다.

달맞이꽃 피는 여름의 약속

모 잡지 기고문 인터뷰차 그곳에서 그를 만난 적이 있다. 하룻밤을 묵으면서 깊은 대화를 나눴고, 갖가지 꽃차를 함께 마셨다. 그날은 보름달이 강변에 흐드러진 달맞이꽃을 비추고 있었다. 교교한 달빛에 빛나는 선명한 노란색 꽃이 무척 아름다웠다. 대화의 한 조각이 자연스럽게 달맞이꽃에 할애됐고 그것을 말려서 우려낸 차도 맛보았다. 뭐랄까? 전체적으로 밍밍한 가운데 연약한 꽃 특유의 비릿함과 단맛이 살짝 느껴지는 게 오묘했다. 그 맛을 함축적으로 표현해줄 단어를 도무지 찾을 수 없었다. 그 밤이 행복해서, 내년에는 꼭 가족과 방문하겠다고 얘기해두었다. '다음에 밥 한번 먹자'는 식의 의례적인 말로 들렸을지 모르겠지만, 나는 그 밤을 잊지 않고 있었다. 그리고 계절이 한 바퀴를 돌아 달맞이꽃 피는 여름이 다시 왔다.

거북마을 가는 길은 초행이 아님에도 만만치 않았다. 겨우 한두 번 왕래에 익숙해질 길이 아니었다. 영월에서 정선으로 이어진 동강로를 타고 달리다가 연포 방면으로 빠진 후 줄행랑치는 뱀 모양의 꼬불꼬불 꼬불길을 30분, 다시 백운산 뼝대를 휘돌아

흐르는 동강 변의 험한 비포장길로 5분을 더 가야 한다. 게다가 큰비 후에는 어김없이 강물에 잠기고 마는 다리도 도중에 건너야 한다. 게릴라성 집중호우가 빈번한 여름에는 가고 싶다고 무조건 갈 수 있는 곳이 아니다. 우리가 찾았을 때도 예고 없던 비가 새벽을 깨웠던 터라, 하마터면 그 다리 앞에서 되돌아올 뻔했다.

20여 년 전만 하더라도 일곱 가구가 모여 살던 거북마을에는 현재 꽃차를 만드는 정용화 씨 가족만 남았다. 그는 동생과 더불어 노모를 모시며 산다. 1991년 홍수 예방과 상수원 확보를 위한 동강댐 건설이 고시되면서 거북마을은 부침을 겪었다. 수몰 예정지였기 때문이다. 댐 건설에 대한 마을 사람들의 반응은 크게 두 가지로 갈렸다. 하루라도 빨리 타지에 가서 정착하는 편이 낫다며 일찌감치 보상금을 받아 떠나는 쪽, 보상금을 한 푼이라도 더 받기 위해 여기저기서 빚을 끌어다가 가지고 있는 땅마다 모조리 과실수를 심는 쪽. 정씨네는 그런 모습들을 덤덤히 지켜보며 살아오던 대로 살아갔다.

사실 동강댐 건설은 논란거리가 많았던 사업이다. 예정대로 댐이 건설되면 동강이 빚은 보석 같은 풍경뿐만 아니라 부지기수로 분포한 고생대 화석과 천여 종에 달하는 희귀 동식물이 사라지게 될 운명이었다. 다행인지 불행인지 댐 건설은 환경운동가들의 반대에 부딪혀 2000년 6월 백지화되었다.

횡재수를 노렸던 이웃들마저 엄청난 빚을 진 채 떠난 후, 거북마을은 완전히 와해되었다. 돌보는 사람 없이 남겨진 땅은 잡초로 뒤덮였다. 몇 년이 지나자 그 땅은 밭이 아니라 황무지가 되었다. 그게 꼭 나쁜 것만은 아니었다. 어디서 씨앗들이

왼쪽 위부터 시계 방향으로 실제비쑥, 단풍나무꽃, 칡꽃, 건조한 들국화.
꽃차의 재료들이 거북마을 주변에 널렸다.

날아왔는지 철마다 다른 들꽃들이 피었다. 금은화, 꽃향유, 고마리, 칡꽃, 구절초, 실제비쑥, 달맞이꽃……. 용화 씨는 바라보기만 해도 기분 좋은 꽃들을 정성 들여 따서 곱게 말렸다. 찔레꽃, 생강나무꽃, 단풍나무꽃, 복숭아꽃, 아까시꽃, 들장미꽃, 보리수꽃 등 주변의 흔한 나무에서도 꽃을 따서 말렸다. 한의사였던 할아버지를 어려서부터 도왔던 덕분에 식물의 약성과 독성에 훤했던 그는 현호색과 철쭉처럼 먹어서는 안 되는 종을 빼고 주변에 널린 꽃들로 계절을 박제했다. 꽃은 찻잔 속에서 거짓말처럼 되살아났다. 마치 봄인 것처럼, 여름인 것처럼, 가을인 것처럼, 뜨거운 물을 부으면 꽃잎이 마르기 전의 상태로 돌아왔다. 동시에 잠자던 향기도 깨어났다.

거북마을에 도착하고 나서 잠시 쉬고 있을 때, 용화 씨가 차나 한잔하자며 우리를 그의 다실로 초대했다. 제법 좀이 쑤셨을 텐데, 어쩐 일인지 아이는 가만히 앉아서 차를 마셨다. 용화 씨가 풀어놓는 꽃에 얽힌 이야기도 귀 기울여 듣는 듯했다. 하지만 알고 보니 아이는 꽃들이 찻잔에서 다시금 알록달록 피는 게 그저 신기했던 모양이었다. 새로운 차가 나올 때마다 실실거리며 손가락으로 찻잔에 떠 있는 꽃을 살짝 눌러보는 등 저 나름으로 그 시간을 즐겼다. 그러던 아이가 무심코 재미있는 말을 했다. "색이 참 맛있다"는 것이었다.

'꽃향유의 달면서도 매운 맛, 고마리의 약한 신맛, 실제비쑥의 쓴맛을 정말 맛있다고 여기는 걸까? 맛이 실제로 그렇게 느껴지는데도 좋다고? 그리고 색은 눈으로 봐야 하는데, 입으로 먹는 게 아닌데…….'

용화 씨가 다실로 우리를 초대해 그가 말린 다양한 꽃들로 차를 내려주었다.

보름달로 환한 밤, 아이가 강변에 자리한 달맞이꽃밭을 산책하고 있다.

달과 하트와 기다림

따져보면 누구나 매일 색을 먹고 있다. 맹물 말고는 모두 색을 지닌 음식이다. 그것들의 맛으로도 색은 충분히 표현되고 구분될 수 있겠다는 생각이 들었다. 이때 색이 내는 맛은 개인차가 있기 마련이다. 특정 미각세포의 많고 적음에 따라, 어떤 맛에 얼마나 길들어 있느냐에 따라, 당시의 기분에 따라 다를 수 있다. 연령대도 맛에 대한 민감성에 영향을 미친다. 일반적으로 어른에 비해 아이가 더 많은 미뢰를 가지고 있다. 그러므로 여럿이 동시에 동일한 음식을 먹더라도 맛의 느낌이 다양할 수밖에 없다. 이는 비단 미각에 국한된 이야기가 아니라 모든 감각에 해당하는 것으로, 대상이 어떻게 받아들여지느냐는 전적으로 각자에게 달려 있다. 설령 아이가 전혀 엉뚱한 맛을 갖다 붙이더라도 무슨 상관이람? 맛의 표준을 찾거나 색 분별력을 키우는 게 목적이 아니다. 중요한 것은 아이에게 색이 어떤 식으로 기억되고, 어떤 감성을 불러일으키며, 어떤 존재 의미를 지니느냐가 아닐까? 나는 문득 아이에게 색과 관련된 확실한 추억 하나를 만들어주고 싶어졌다. 우리 손으로 직접 노란 달맞이꽃을 따서 차를 우려 마시기로 한 것이다.

달맞이꽃은 달이 뜨는 저녁이 되어야 비로소 꽃을 피운다. 그래서 달맞이꽃이다. '월견초' '월하향' '야래향' 등의 한자 이름으로도 불린다. 이따금 갑자기 날씨가 흐려질 때 시간을 착각한 달맞이꽃이 바보처럼 낮에도 꽃을 피울 때가 있기는 하다. 하지만 기본적으로 달맞이꽃은 햇빛이 개화를 억제하므로 일몰을 기점으로 자신의 시간이 왔음을 알린다. 달맞이꽃의 개화 시계가 일몰 후로 맞춰진 것은 가루받이에 유리하기 때문이다. 달맞이꽃은 나방을 비롯한 야행성 곤충을 이용해 가루받이를 한다. 생물이 24시간 주기로 같은 행동을 반복하는 것을 일주기성이라고 한다. 달맞이꽃처럼 독특한 개화 생체리듬을 가진 꽃은 많다. 나팔꽃은 새벽 4시경 피고, 민들레는 아침 8시경 핀다. 벼꽃은 오전 10시경, 제비꽃은 정오경, 도라지는 오후 2~3시경, 박꽃은 오후 5~6시경에 핀다. 분류학의 아버지 칼 폰 린네는 일찍이 거대한 꽃시계를 고안해낸 바 있다. 꽃의 개화 시간을 이용한 시계다. 원형으로 만든 화단을 시계처럼 12등분해 각 시간대마다 개화하는 꽃을 심었다. 화단에 무슨 꽃이 피었는지를 보고 시간을 가늠하는 시스템이다. 이 시계는 현재까지도 린네의 고국인 스웨덴 웁살라에서 작동하고 있다.

우리는 달맞이꽃이 개화하는 모습을 한순간도 놓치지 않고 똑똑히 보았다. 용화 씨 덕분이었다.

"이건 여기까지 먼 길을 와준 꼬마 친구를 위한 환영의 선물! 이 화병의 꽃들을 잘 지켜봐야 해. 알았지?"

그는 이렇게 말하며 달맞이꽃대 다섯 개가 든 자그마한 화병을 아이에게 건넸다. 때는 해가 거의 질 무렵이었다. 꽃봉오리만 잔뜩 달린 화병이라니. 솔직히 그게 무슨 선물인가 싶었다. 그런데 해가 지고 저녁이 찾아오자 신기한 일이 벌어졌다. 슬로모션으로 재생한 영상처럼 꽃받침이 떨어지고, 꽃봉오리가 터지고, 꽃잎이 펴지는 개화의 과정이 눈앞에 펼쳐졌던 것이다. 약 10분 만에 모든 일이 끝났다. 우리는 그 광경에 놀라서 한동안 말을 잃었다. 마법의 시간이 지나서 자세히 살펴보니 꽃잎은 모두 4장이었고, 낱장은 하트 모양을 하고 있었다. 달맞이꽃의 꽃말은 '기다림'이다. 달과 하트와 기다림. 만약 로맨스 소설을 쓴다면 이처럼 매력적인 소재를 찾기도 힘들지 않을까?

노란색은 달맞이꽃의 달빛 맛이에요

달맞이꽃이 펼쳐 보인 한 편의 아름다운 공연을 감상한 이후로 우리는 그 꽃에 그만 마음을 홀딱 빼앗기고 말았다. 저녁 식사를 마치자마자 약속이나 한 것처럼 달맞이꽃이 가득 핀 강변으로 향했다. 좁은 오솔길이 그곳으로 안내했다. 가로등은 없었지만 전혀 어둡지 않았다. 혼자 거북마을을 방문했던 밤처럼, 강변으로 이어진 오솔길을 아이와 걷던 그 밤도 보름달로 환했다.
강변을 차지한 달맞이꽃 군락의 면적은 1년 전보다 훨씬 더 넓어져 있었다. 달맞이꽃만 좋아하는 누군가가 일부러 꾸민 화원처럼 다른 꽃은 거의 찾아볼 수 없었다. 사실 햇빛 쟁탈전에서 패배한 키 작은 꽃들이 짐을 싸들고 그곳을 떠나서였다.
1m가 훌쩍 넘는 긴 꽃대에 달린 달맞이꽃들이 바람이 불 때마다 하늘하늘 춤을 추었다. 그 모습이 마치 노란 나비 떼가 일제히 날갯짓을 하며 날아오르는 것 같았다. 달맞이꽃밭 옆으로는 강물이 크게 수런거리며 흘렀다. 아이는 그 소리가 달맞이꽃 때문에 나는 것이라고 했다. 달맞이꽃이 춤을 출 때마다 감탄한 강물이 박수를 치는 소리라는 것이었다.
우리는 이튿날 새벽같이 일어나 달맞이꽃을 따러 또다시 강변으로 갔다. 달맞이꽃은 하룻밤 지나고 나면 시들해지다가 떨어진다. 일찍 일어나지 않으면 싱싱한 꽃을 딸 수 없다는 사실을 알고 있던 아이를 깨우기는 어렵지 않았다. 야행성 곤충들이 잠을 자러 떠난

달맞이꽃을 따서 머리에 장식한 아이.
아이는 새벽잠을 쫓으며 페도라 가득 달맞이꽃을 땄다.
그 꽃으로 우리는 차를 내려 마셨다.

꽃밭에는 호박벌이 날아와서 열심히 화밀을 따 먹고 있었다. 살찐 돼지처럼 엉덩이를 씰룩거리며 코를 박고 게걸스럽게 화밀을 먹어치우는 모습을 보며 아이는 한참을 깔깔거렸다. 그러다가 쓰고 있던 페도라를 벗은 다음 거기에 꽃을 가득 땄다. 꽃밭에서 노란 물이 조금씩 사라졌다. 우리는 색 도둑이었다.

훔쳐온 노란색을 한지가 깔린 원두막 평상 위에 펼쳐 널었다. 꽃잎에 묻은 이슬을 다시 공기 중으로 날려 보내고, 혹시 붙어 왔을지 모를 벌레도 제거하기 위해서였다. 꽃차를 정식으로 만들려면 제대로 건조해서 수분을 완전히 빼야 한다. 하지만 보관해두었다가 마실 것이 아닌 이상, 굳이 그래야 할 이유가 없었다. 용화 씨에게 잠시 다실을 빌린 우리는 그곳에 있는 하얀 찻잔에 새벽녘 따서 깨끗이 단장한 꽃을 두세 송이씩 넣은 후 뜨거운 물을 약간 식혀서 부었다. 물이 너무 뜨거우면 꽃잎이 익어서 흐물흐물해진다. 적당히 따뜻한 물을 사용하면 꽃잎의 모양을 유지한 채로 그 색과 향을 우려낼 수 있다. 1년 전 혼자 찾았을 때와는 차 맛이 달랐다. 갓 딴 꽃이어서 그런지 향이 월등했다. 맛도 조금 더 단 듯했다. 그렇다고 들큼한 정도는 아니었다. 아이가 말했다.

"노란색은 달맞이꽃의 달빛 맛이에요."

아, 그렇구나. 왜 맛을 달고, 짜고, 맵고, 쓰고, 시고, 떫다고만 해야 할까? 왜 그런 단어로 달맞이꽃의 색과 맛을 대체하려고만 했을까? 색과 맛에 대해 규범화된 나와 규범화되지 않는 아이의 차이가 여기서 드러났다.

아이는 아마도 평생 잊지 않을 것이다. 달맞이꽃의 노란색을. 보름

달밤의 정취와 새벽의 싱그러움과 그 공간을 흐르던 은은한 향기를.
그리고 그 모든 것이 어우러진 달빛 맛을.

자연 자체야말로 색채와 빛을 통해서 자신의 모습을 시각에 특별히 드러내고자 한다.
- 요한 볼프강 폰 괴테, 『색채론』

색깔달력, 아이가 물들인 열두 개의 색깔

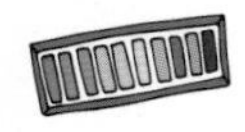

"인디언들은 달마다 이상한 이름을 붙여서 불렀대요."
어디서 들었는지 아이가 내게 말했다. 그랬다. 아메리카 인디언은 대다수 부족이 자신들만의 달력을 가지고 있었다. 그들은 눈으로 보이는 자연과 눈을 감아야 들리는 내면의 소리를 면밀히 관찰해서 각 달에 적절한 이름을 달았다. 1월은 '마음 깊은 곳에 머무는 달(아리카라족)', 3월은 '마음을 움직이게 하는 달(체로키족)'이자 '한결같은 것은 아무것도 없는 달(아라파호족)', 5월은 '게을러지는 달(아시니보인족)', 7월은 '열매가 빛을 저장하는

달(크리크족, 아파치족)', 10월은 '내가 올 때까지 기다리라고 말하는 달(카이오와족)'이자 '가난해지기 시작하는 달(모호크족)', 그리고 12월은 '무소유의 달(퐁카족)'이라고 불렀다.[5]

"아빠, 우리도 그렇게 해보면 어때요?"

시간은 주체적으로 의미를 부여할 때 비로소 '내 것' '내 기억'이 된다. 사람들은 보통 계절의 순환에 동반되는 기후적 특성에 따라 각 달을 인식한다. 대부분 그리 여기므로 개인 저마다에게 그 달들은 그다지 존재감이 없다. 간혹 휴가, 보너스, 승진, 이사, 사랑, 이별 등을 했던 달 정도로 대접받을 뿐이다. 하지만 나만의 기준에 따라 각 달이 새 이름을 부여받을 때, 특별한 이벤트가 없어도 그 자체로 소중해진다. 평소 그래왔듯 열두 달을 바라보는 것보다 세상에 하나밖에 없는 이름을 붙여 부르는 편이 훨씬 재미있기도 하고.

나는 아이의 제안을 흔쾌히 받아들였다. 아내까지 전부 모여 우리는 어떤 기준으로 이름을 붙일지 열띤 토의를 벌였다. 별별 의견이 다 나왔다. 하지만 어느 것도 큰 호응을 얻지는 못했다.

"색깔로 불러도 좋을 것 같은데……."

다들 지쳐갈 즈음, 아이가 자신 없는 목소리로 말했다. 가만 생각해보니 그냥 흘려버릴 아이디어가 아니었다. 우리는 구체화해보기로 했다. 그 결과, 각 달의 대표적인 풀·꽃·열매·약초 따위로부터 염액을 뽑아내서 흰 천에 물을 들인 후 그 색깔로 이름을 붙이자고 합의를 보았다(아이는 거의 모든 옷을 세 살 많은 사촌 언니에게 물려받아 입는다. 그중에서 약간 헐어 보이거나 염색을 해도 좋을 만한 흰옷들을 골라 물을 들였다. 그러나 같은 염액도 옷감에 따라 물이 드는

아이의 색깔달력. 윗줄 왼쪽부터 1~4월, 가운뎃줄 왼쪽부터 5~8월,
아랫줄 왼쪽부터 9~12월

정도가 다르기 때문에, 흰 면 손수건을 열두 장 구입한 후 그것에 표현된 색깔을 해당 달의 대표 색으로 정했다). 그렇게 장장 1년짜리 색깔달력 프로젝트의 막이 올랐다.

1월, 지치의 진한 보라색

누가 부녀 사이 아니랄까 봐 아이는 나처럼 호흡기가 약하다. 결코 물려주려 하지 않았는데, 어느새 아이도 만성 부비동염과 기관지염을 앓고 있다. 정말이지 우리는 이놈들 때문에 죽을 지경이다. 하루는 그 사정을 아는 누군가가 염증을 다스리는 데 특효라며 지치를 추천했다. 겨울에 뿌리를 캐어 생으로 또는 말려서 먹는 약용식물이었다. 우리는 차로 우려 마시려고, 새해 들어 캤다는 싱싱한 야생 지치를 열 뿌리 남짓 구입했다. 알고 보니 지치는 붉은색 계열의 염색에도 자주 사용되는 재료였다. 지치는 알코올과 반응해야 색소가 추출된다. 우리는 소독용 알코올로 지치의 검붉은 색소를 쫙 뺐다. 그 다음 그것을 옷 무게의 서너 배쯤 되는 물에 풀어 희석했다. 그러고는 명반을 녹인 물에 담갔다가(이처럼 색소가 섬유에 잘 달라붙도록 특정 물질을 활용하는 것을 매염이라고 한다) 건조한 카디건과 셔츠를 염액통에 넣고 뜨겁게 데워가며 30분가량 조몰락조몰락 색을 입혔다. 그 후 옷을 깨끗이 헹구고 10분가량 매염을 해서 다시 헹궜다. 이게 끝이 아니다. 그때까지의

만성 부비동염과 기관지염 치료를 위해 구입했다가 염색에도 이용하기로 한 야생 지치.

과정(염색→헹굼→매염→헹굼)을 한 사이클로 잡고, 염액이 맑아질 때까지 지겹게 세 사이클이나 더 반복했다.
나는 힘들다고 마다하지 않는 이상 이 모든 일을 아이가 직접 하도록 했다. 앞치마를 두르고 어린이용 고무장갑을 낀 아이는 한겨울이었음에도 이마에 땀이 송골송골 맺힐 만큼 염색에 열중했다. 두 시간 넘게 지치 염색을 하는 동안 아이는 한 마디도 군소리를 하지 않았다. 아이에게 염색은 즐거운 놀이임에 분명했다. 그렇지만 장시간 정성을 쏟아야만 하는 것이었으므로 아이의 끈기에 대해 아낌없이 칭찬해주었다. 아이는 뿌듯해했다.
아이가 노력한 성과물은 천의 종류나 짜임새와 관계없이 모두 진한 보라색으로 물들었다. 아이는 그 보라색 옷들을 볼 때마다 행복해했다. 그렇잖아도 자기가 가장 좋아하는 색이었는데, 자기 옷에 스스로 물들였으니 당연했다.

2월, 동백의 코끼리 상아 색

겨울을 대표하는 꽃인 동백이 2월의 주인공이 되었다. 우리는 천연기념물 제169호로 지정된 서천 마량포구 동백숲에서 꽃을 채집했다. 이곳의 동백나무는 키가 작은 대신 줄기가 아주 굵고 곁가지가 발달했다. 이런 동백나무 수백 그루에 선명한 붉은 꽃이 만발해 있었다.
"이것 좀 먹어볼래?"
싱싱한 동백꽃을 하나 따서 주었더니 아이는 능숙하게 쪽쪽 꿀을 빨았다. 동백꽃과 인동넝쿨꽃 앞에서라면 아이는 나비가 되길 주저하지 않는다. 그렇게 거대한 나비에게 꿀이 빨린 꽃은 미리 준비해 간 비닐에 담겼다. 우리는 동백숲에 떨어져 있던 꽃들 중에서 썩지 않은 것들을 골라 그 비닐에 가득 담았다.
집에 돌아오자마자 동백꽃을 들통에 넣은 후 잠길락 말락 하게 물을 붓고 팔팔 끓여서 색을 추출했다. 지치와 감 외에 우리의 색깔달력에 등장하는 재료들은 모두 이처럼 열탕 추출 방식으로 염액을 뽑았다. 우리는 면으로 된 민소매 셔츠와 긴 양말, 그리고 실크로 된 자그마한 사각 스카프에 물을 들였다.

마량리 동백숲에서 떨어진 꽃들을 주워 와 염색에 이용했다.

우리의 바람과는 달리 동백꽃은 자신의 색깔을 지켜내지 못했다. 염색이 끝난 옷가지는 붉은색이 온데간데없고 코끼리 상아처럼 희면서도 누리끼리했다. 아이는 적잖이 실망했다.
"빤히 어떤 색이 나올지 알고 있으면 기대감이 떨어져서 시시하지 않겠어? 도무지 어떤 색이 나올지 모르는 편이 더 재밌지 않아?"
자신을 달래려는 내 말을 들은 아이가 말했다.
"동백꽃에도 있는 색깔이기는 해요. 땅에 떨어져서 썩을 때 이 색깔이 나긴 하더라고요."
아이는 그렇게 말하며 스스로를 위로했다.

3월, 쑥의 흐린 날 풀색

봄이 되자 땅속에 숨었던 초록이 차츰차츰 올라와서 무채색이었던 들판을 생기 넘치게 바꾸었다. 향기로운 쑥도 한몫을 했다. 아이의 외할머니가 떡을 해 먹자면서 쑥을 캐러 가자기에 온 가족이 군포 속달동 수리산 기슭으로 출동했다. 아이도 쑥을 캐는 데 손을 보탰다. 포대에 가득 찬 쑥 중에서 특히 여린 것들만 먹을 것으로 빼놓고 나머지는 염색에 사용했다. 염액을 추출하기 위해 쑥을 삶는 동안 온 집 안에 그 향기가 진동을 했다. 우리는 반팔 면 티셔츠와 긴 실크 스카프에 쑥색을 입혔다. 쑥물은 쉽게 들지 않았다. 착염, 헹굼, 매염, 헹굼의 과정을 지겹게 반복했다. 제법 이력이 붙은 아이는 알아서 척척 해냈다. 한 시간쯤 지나자 먼저 실크 스카프에 색이 올라왔다. 두 시간쯤 지나자 티셔츠에도 색이 올라왔다.

아이가 캐 온 쑥을 깨끗이 씻고 있다.

"세상에 저절로 되는 일이란 없어. 어쩌면 많은 일들이 쑥물을 들이는 것과 같을 거야. 물이 잘 든 것 같은데 한 번 헹구고 나면 아무런 색도 남아 있지 않잖니? 하지만 염색을 반복하다 보면 어느샌가 고운 색이 보이지. 무엇이든 꾸준히 하다 보면 분명 이룰 수 있게 된단다. 처음부터 잘하는 사람은 없어. 다만 누가 노력을 더 하느냐의 차이만 있을 뿐이야."

우리가 들인 쑥물은 은은히 감도는 옥색이 오묘했다. 매염제로 동을 썼다면 좀 더 선명한 색으로 염색됐을 것이다. 쑥 매염에는 동이 효과가 좋다. 하지만 반환경적이라는 이유로 우리는 동을 사용하지 말자고 이미 약속했었다. 그랬기에 어떻게 색이 나오든 그건 전적으로 우리 선택에 따른 것이다. 천연염색 전문가들이 본다면 결과물이 어설프기 짝이 없겠지만, 우리 눈에는 충분히 아름다웠다. 아이는 흐린 날의 풀색이라고 했다. 아이는 그 색이 마음을 차분히 가라앉혀준다고 했다.

4월, 애기똥풀의 달고나가 생각나는 연한 노란색

치악산 기슭에서 캠핑을 하고 나오다가 근처 묵답에 가득 핀 애기똥풀을 양껏 채취했다. 애기똥풀은 4월이면 노란색 꽃을 피우는 흔하디흔한 식물이다. 염색에는 꽃만 이용하지 않는다. 뿌리와 줄기에 집중적으로 색소가 분포되어 있다. 줄기를 뚝 꺾어보면 황금색 즙이 나온다. 이게 애기의 똥 색을 닮았다고 해서 애기똥풀이다.

채취 과정에서 장갑을 끼지 않은 건 실수였다. 애기똥풀은 뿌리가 땅에 콱 박혀 있기 때문에 힘껏 당겨야 한다. 그 과정에서 줄기가 짓눌리며 애기똥풀의 즙이 손에 많이 묻었다. 문제는 그게 잘 지워지지 않는다는 데 있었다. 수세미에 비누를 칠해서 박박 문질러 씻어도 소용없었다. 나는 아이가 친구들에게 지저분하다고 놀림이나 당하지 않을까 걱정했다.

"하나도 창피하지 않았어요. 친구들한테 애기똥풀 자국이라고 말해줬어요. 애기똥풀로 염색을 했다니깐 얼마나 부러워했는지 몰라요."

캠핑 다녀오던 길에
묵답에서 뽑아 온 애기똥풀.

우리는 긴팔 원피스와 반팔 카디건 그리고 넓은 통바지에 애기똥풀의 노란색을 옮겼다. 염액을 추출하는 동안 아이는 들통 곁에서 내내 행복한 미소를 지었다.
"달고나 냄새가 나요. 한번 맡아보세요."
정말 그런 듯도 했다. 애기똥풀은 색소의 흡착성이 강해서인지 염색이 수월하게 끝났다. 한 시간쯤 걸렸다. 옷감을 물들인 그 색깔은 연한 노란색을 띠었다. 아이는 여전히 달고나 냄새가 나는지, 그 색을 두고 달짝지근한 색이라고 했다.

5월, 개민들레의 먼 나라에서 온 진한 노란색

시골집에 일이 있어서 가족과 함께 내려갔는데, 제주 전역이 노란 꽃 한 종에 뒤덮이다시피 한 상태였다. 흔히 '개민들레'라고 부르는 꽃이었다. 1980년대 초 유럽과 미국 등지에서 수입된 목초 씨에 섞여 유입된 외래종으로, 정식 명칭은 '서양금혼초'다. 겨우 봄 한철 단 한 번 꽃을 피우는 토종 민들레와 달리 봄부터 가을까지 무수히 많은 꽃을 피우는 녀석이다.
현재 제주는 상상을 초월할 정도로 강한 개민들레의 번식력 때문에 골머리를 앓고 있다. 이 꽃 한 포기가 씨앗 수천 개를 흩뿌린다. 그 씨앗들이 바람을 타고 섬 곳곳으로 날아가 안착한 후 삽시간에 주변을 자기 영토로 만들어버린다. 잎이 땅바닥에 껌딱지처럼 찰싹 달라붙어서 자라기 때문에 다른 풀꽃들이 설 자리가 없다. 우리는 산굼부리와 아부오름 등에서 개민들레의 꽃을 채취했다.
"아빠, 골칫덩어리 꽃이라면서요?"
"2016년 5월의 제주가 이랬다는 것을 색깔로 기록해두는 것도

제주의 골칫거리인 개민들레.

의미가 있지 않을까 해서 말이다. 물론 개민들레는 문제가 많은 꽃이기는 해. 농부인 네 할아버지는 개민들레라면 아주 치를 떨지. 밭에도 개민들레 천지라고 하더구나. 그런데 이 꽃에는 장이 아픈 사람과 암에 걸린 사람을 치료해주는 성분도 있단다. 툭하면 장염에 걸리는 네게는 도움이 될 만한 식물이지."

"그럼 좋은 꽃이에요?"

"자신을 밀어내는 식물에게는 나쁜 꽃, 치료제가 필요한 사람들에게는 좋은 꽃, 농사를 짓는 할아버지에게는 나쁜 꽃, 화사하게 핀 모습을 보면서 즐거워하는 사람들에게는 좋은 꽃. 대체 개민들레는 좋은 꽃일까, 나쁜 꽃일까?"

"그렇지만 남에게 피해를 주는 건……."

"맞아. 그게 문제지. 그런데 지금은 다른 식물들이 일방적으로 당하지만, 곧 반격을 시작할 거야. 그때가 되면 언제 그랬냐는 듯 평화롭게 어울리며 살아가겠지. 정확히 따지자면 처음부터 이 땅에 발을 붙이고 있었던 식물이란 건 없어. 먼저 온 것과 나중 온 것들이 경쟁하고 화해하며 살아가는 거지. 그러면서 식물 종류가 더 다양해지고 말이야."

어쨌든 우리는 논란의 개민들레로 반팔 면셔츠와 양말을 물들였다. 색깔은 애기똥풀과 거의 비슷한 노란색이었다. 하지만 그보다는 훨씬 진했다. 세상에 있는 노랑이란 노랑은 모두 끌어모아 응축한 듯한 색깔이었다.

6월, 장미의 노르스름한 색

"다 팔고 이만큼 남았는데, 싸게 드릴 테니 떨이해 가세요."

"안개꽃도 끼워주시는 거죠?"
"그럼요."
저녁 무렵 집 근처 꽃가게를 찾은 아이와 나는 풍성한 장미꽃 다발을 받아 들고 횡재했다며 좋아했다.
"엄마, 생일 축하해요."
아이가 내민 장미꽃 선물에 아내는 무척 행복해했다. 하지만 그 행복은 채 하루도 못 갔다. 다음 날 아침 식사를 준비하러 주방으로 나온 아내는 장미 향을 음미하기 위해 식탁 위의 화병에 코를 갖다 대다가 놀라서 뒤로 자빠질 뻔했다. 장미꽃이 진딧물투성이였기 때문이다. 어쩐지 싸게 팔더라니. 나는 아이와 난감한 표정을 지으며 화병을 들고 베란다로 나갔다. 그러고는 장미꽃을 하나하나 꺼내어 탁탁 털어도 보고, 물로 씻어도 보았다. 별 효과가 없었다.
"여보, 미안해. 그런데 생일도 지났으니, 기왕 이렇게 된 거 이 꽃 우리 주지 않을래? 대신 예쁘게 스카프를 물들여줄게."
그렇게 장미꽃은 뜨거운 들통으로 들어가게 되었다. 아이의 칠부 면 레깅스와 아내의 사각 무늬 긴 실크 스카프를 염색하기에 충분한 양이었다. 이 점에서 떨이로 더 많이 준 꽃가게 주인에게 고마워해야 하나? 동백꽃처럼 장미꽃도 염색성이 좋지는 않다. 계절의 여왕이 지닌 고귀한 붉은색은 사라지고, 염색된 옷에는 노르스름하게 퇴색된 색깔만 남았다. 그러나 그냥 죽으란 법은 없다. 면으로 된 천에는 그렇게

아내 생일날 떨이로 산 장미꽃. 알고 보니 진딧물투성이였다.

물들었지만, 아내한테 주기로 한 실크 스카프는 황갈색으로 아주 멋있게 물들었다. 아이와 나는 안도의 한숨을 내쉬었다. 아내도 그것을 마음에 들어 해서 진정 다행이었다.

7월, 물고구마 줄기의 연한 남색

우리의 달력 만들기는 단순히 옷감에 물을 들이기 위함이 아니다. 옷감에 이야기도 함께 입힌다. 그달의 색은 다 같이 머리를 맞대어 정하기도 하지만, 때로는 우연히 정해지기도 한다. 색이 어떻게 정해졌는지부터 염색하는 동안 나누는 대화, 그 옷을 입고 다녔던 장소의 추억 등이 모두 달력 속에 녹아든다.

물고구마 줄기 염색은 전혀 계획에 없었는데, 아이의 갑작스러운 제안으로 정해졌다. 아내는 물고구마 줄기 무침을 아주 좋아한다. 7월이 되어 물고구마 줄기가 시장에 나오기 시작하면 아내의 얼굴에 아주 화색이 돈다. 지겹지도 않은지 아내는 물고구마 줄기를 몇 단씩 사 와서는 하루 종일 껍질을 벗긴다. 혼자 그러고 있는 모습을 볼 때면 아이와 내 맘이 편치 않다. 그래서 어쩔 수 없이 동참한다. 언제나처럼 그렇게 세 식구가 물고구마 줄기 껍질을 벗기고 있었는데, 아이가 뜬금없이 물개 박수를 쳤다. 영문을 몰라 어리둥절해하는 나와 아내에게 아이가 두 손을 쫙 펴서 내밀었다.

"이것 좀 보세요. 물고구마 줄기가 내 손을 물들였어요. 엄마 아빠 손도 모두 물들였어요."

아닌 게 아니라 모두의 손바닥과 손톱 밑이 까맸다.

"우리 이번 달에는 이걸로 염색해요."

염료만 충분히 확보된다면 불가능하지만도 않을 것 같았다. 그래서 우리는 물고구마 줄기 껍질을 벗기고 또 벗겼다. 반찬을 다 먹자마자 다시 줄기를 사 와서 벗기기를 수차례. 껍질들은 냉장고에 모아두었다. 그리고 어마어마한 노동력을 쏟아부은 물고구마 줄기로 얇은 면 점퍼를 물들였다. 안타깝게도 물고구마 줄기 염액은 우리의 손을 물들일 때만큼 강렬함을 뽐내지 못했다. 연한 남색으로 겨우 존재감을 알릴 뿐이었다. 아이는 그 정도로도 만족한 눈치였다. 하긴 이 색은 아이의 아이디어로부터 나온 색이었으니까.

아내가 정말 좋아하는 반찬 재료인 물고구마 줄기.

대릉원에서 주워 온 땡감.

8월, 땡감의 밝은 갈색

"땀도 잘 배지 않고, 때도 잘 타지 않고, 옷감도 잘 해지지 않고. 갈중이가 최고지." 갈중이는 감물로 염색한 제주의 전통 옷이다. 어머니께서는 갈중이 예찬론자다. 여름이면 야생 땡감을 틈만 나면 따다가 즙을 짜서 보관해놓는다. 그리고 볕이 아주 좋은 날, 광목에 물을 들인다. 대부분의 염색물은 그늘에 널어 말린다. 색이 바래는 것을 막기 위해서다. 그렇지만 감물 염색물은 뜨거운 볕에 말린다. 그래야 감물 속의 탄닌이 볕과 반응해서 색 변화를 활발히 일으킨다.

경주 대릉원에 갔다가 태풍에 떨어진 땡감을 한 바구니 주워 왔다. 우리는 여행에서 돌아오자마자 절구에 찧어서 감즙을 냈다. 그것으로 반팔 셔츠와 광목 앞치마, 어깨에 걸치는 작은 광목 가방, 그리고 칠부 면 레깅스를 염색했다. 옷가지에 감물을 들인 날, 아이는 내게 정말 염색이 잘된 게 맞느냐고 계속 따지다가 할머니에게 전화를 걸었다.

"할머니, 옷 색깔이 원래대론데 아빠는 염색이 다 됐대요. 아빠가 거짓말하는 거 같아요."

못 미더워하는 아이에게 할머니가 말씀하셨다.

"열흘 넘게 옷을 계속 널어둔 채로 물을 뿌리고 말리기를 거듭 해보거라. 색깔이 점점 바뀌어갈 거야. 갈중이는 말이다, 시간이 만드는 옷이란다."

할머니의 설명을 들은 아이는 학교에서 돌아오기만 하면, 건조대에 걸린 감물 염색옷에 물을 뿌렸다. 그러기를 한 사나흘 했을까. 하얗던 옷가지들이 발그스레하게 익어가는 게 눈에 보였다. 다시 한 닷새 더 반복했더니 주황색이 되었고, 또다시 한 닷새 더 반복했더니 마침내 밝은 갈색으로 바뀌었다. 아이가 내게 말했다.

"와, 할머니 말씀대로예요. 시간이 붓을 들고 점점 더 진하게 갈색을 칠하고 있어요."

9월, 포도의 물에서 건진 보라색

유기농 식품은 보기 좋고 먹기 좋은 것을 다량으로 생산하기 위해 투여하는 각종 호르몬의 체내 흡수를 차단한다는 데 그 가치가 있다. 유기농은 생산자 입장에서 끝없는 도전과 희생을 필요로

참포도농원의 유기농 포도.

오미자.

부모님이 농사를 직접
지어 보내주신 서리태.

한다. 농약 없이 병해충과 격렬한 전쟁을 치러야 하기 때문이다. 안성에 자리한 참포도농원은 숯을 뿌리고 꽃무릇을 심어 최소한의 지원사격을 해준다. 숯은 항균 능력이 뛰어나고, 꽃무릇은 독성 식물로서 해충들이 싫어한다.
우리는 이 농원의 포도를 진심으로 좋아한다. 이곳에서는 머스캣함부르크, 이집트처녀, 루비시들리스 등 30여 종에 달하는 세계 각지의 다양한 포도를 맛볼 수 있다. 우리는 9월 초순경, 이 농원을 찾아 그 포도들을 배불리 따 먹었다. 돌아오는 길에는 캠벨 품종 한 박스와 세계 포도 한 박스, 그리고 참포도농원에서 담근 와인 두 병을 구입했다. 나는 대부분의 과일을 껍질째 먹는다. 어릴 때부터 든 습관이다. 그런데 아이는 그렇게 먹길 부담스러워한다. 아무래도 껍질이 억세다 보니 삼키기가 힘든 모양이다. 나는 농약이라고는 조금도 치지 않은 것이니 이 농원의 포도만은 제발 그냥 먹어보라고 당부했다. 아이는 몇 번 시도하더니 고개를 절레절레 흔들며 아직은 어렵다고 했다. 그래서 아이가 알맹이만 쏙 빼 먹고 뱉은 포도 껍질을 모아 긴 면바지와 양말에 물을 들이기로 했다. 포도 껍질을 물에 넣어 끓였을 때 진한 보라색 염액이 추출됐기에, 우리는 내심 옷에도 그런 물이 예쁘게 들겠거니 생각했다. 안타깝게도 현실은 기대와 달랐다. 혹시나 염착과 매염을 덜 반복해서 그런가 하고 시간을 충분히 쏟았지만 물에서 건진 듯 멀건 보라색에서 한 걸음도 나아가지 않았다.

10월, 오미자의 어쩌면 붉은 베이지색

아내는 매해 오미자효소를 담가서 주위 사람들에게 선물하곤 한다.

오미자는 위도에 따라서 9월 초순부터 10월 중순까지 생산된다. 아내는 보통 9월 중순경 담가서 100일 숙성 후 크리스마스 즈음에 개봉한다. 하지만 이번에는 조금 늦어져서 10월이 되어서야 담갔다. 창고에서 10리터들이 유리병 두 개를 꺼내어 깨끗이 씻어서 말리고, 기존에 거래하던 오미자 농장에 주문을 넣었다. 오미자는 이튿날 오전에 도착했다. 우리나라의 배송 시스템은 실로 놀랍다.
아이와 나는 아내에게 오미자 한 사발을 얻어냈다. 염색을 해보겠다고 하니 아내가 흔쾌히 내주었다. 그것으로 민소매 면 티셔츠에 물을 들였다. 오미자 염액은 포도의 염액처럼 진하기로는 둘째가라면 서럽다. 과일 염료들이 대체로 그렇다. 그런데 오미자는 진한 염액 값을 전혀 못 해낸다. 결과물은 엉뚱하게도 베이지색을 띠었다.
"아무리 주무르고 또 주물러도 색깔이 안 들어요. 힘들어요, 아빠."
10월이니까 벌써 열 번째 염색인데, 뜻대로 되지 않다 보니 아이의 입에서 처음으로 힘들다는 말이 나왔다.
"아빠도 예상과 달라서 당황스럽긴 마찬가진데 중요한 건 색깔이 아니라고 생각해. 우리가 색깔을 내기 위해 노력을 쏟고 있다는 점이야말로 정작 중요한 게 아닐까? 그런 면에서 보면 너는 충분히 멋있어. 비록 원했던 색깔은 아니겠지만, 네가 시간을 정말 많이 들인 만큼 저 베이지색도 곧 사랑하게 될 거야."
아이가 내 말을 가만히 듣더니 말했다.
"그런데 어쩌면 오미자 열매 색깔이 조금은 보이는 것 같지 않아요?"
이 말은 곧, 오미자로부터 잉태된 베이지색을 벌써 사랑하게 되었다는 얘길까? 아이에게는 미안한 얘기지만 솔직히 내 눈에는 오미자 열매 색깔이 보이지 않았다.

11월, 서리태의 자작나무 껍질 색

서리태는 오미자와는 또 다른 면에서 좌절을 안겨주었던 염색 재료다. 오미자야 본래 염색성이 좋지 않았다고 치더라도 서리태는 염액 추출 과정에서 실수가 있었다.
내 부모님께서는 힘들게 농사를 지어서 쭉정이는 당신들 몫으로 남겨놓고 멀쩡한 것만 자식들에게 보낸다. 세상 모든 부모 마음이 다 그렇다. 자신들은 아무거나 대충 먹어도 자식에게만큼은 좋은 걸 제대로 먹이고 싶어 한다. 11월 중순경 서리태 두 되가 올라왔다. 벌레 먹은 것 하나 없었다. 흐려진 눈으로 두 분은 대체 몇 번을 골라냈을까?
1년 가까이 염색을 해오는 동안 우리는 일상생활 도중 만나는 모든 것들의 색깔을 그냥 지나치지 않게 되었다. 사물의 색깔과 활용에 대해 고민하게 된 것이야말로 달력 프로젝트의 가장 큰 성과라고 할 수 있다. 서리태 삶은 물도 예전 같으면 바로 버렸을 것이다. 우리 식구는 서리태를 한 번에 많이 삶아서 냉장고에 보관했다가 밥을 할 때마다 조금씩 넣어 먹는다. 우리는 서리태를 한 되쯤 덜어내어 두어 시간 불린 후 삶았다. 서리태를 불리노라면 검보라색의 물이 나오는데, 삶을 때 나온 물과 나중에 혼합했다. 우리는 하얀색 면바지에 물을 들였다. 서리태는 제법 염색이 잘되는 재료로 알려져 있다. 그런데 아무리 염색을 반복해도 염액의 색깔이 옷가지로 옮겨 가지 않았다. 나는 무엇이 잘못됐는지 곧 깨달았다. 서리태를 물에 불리는 시간도 짧았고, 서걱서걱한 식감을 좋아한 나머지 푹 삶지 않았던 것도 영향을 끼쳤음이 분명했다. 우리의 결과물은 꼭 자작나무 껍질 같은 색에 머물렀다. 아, 하지만 색깔이 전혀 생뚱맞지만은 않다. 자세히 보면 서리태 껍질 속도 그 색깔이다. 우리는 그렇게 생각하며 위안을 삼기로 했다.

12월, 못난이 귤의 어느 것보다 맑은 노란색

직업군인으로 복무하던 매제가 퇴역하면서 지난 2014년 말 제주로 귀향한 여동생 부부는 시숙부 소유의 조그마한 감귤밭을 빌려서 농사를 짓고 있다. 감귤 농사가 처음인 둘은 순전히 어떤 종류의 영양제와 살충살균제를 언제 뿌려야 하는지 몰라서 그 일에는 아예 손을 붙이지 못했다. 그들을 지켜보는 이들의 얼굴에는 그늘이 가득했다.

"저래서 귤이 열린들 팔릴 게 있기나 하겠냐?"

그런데 12월로 막 접어들었을 때, 여동생으로부터 휴대폰 문자 한 통이 왔다.

"오빠, 날씨가 추워졌지. 식구들 감기 걸리지 말라고 오늘 딴 귤 한 상자 보낼게."

여동생이 보내온 귤은 형편없이 못생긴 것들이었다. 껍질이 매끄러운 게 하나도 없었다. 크기도 제각각이었다. 그런데 이 귤이 생긴

동생이 보내준 무농약 못난이 귤.

것과는 다르게 얼마나 맛이 있었는지 모른다. 당도만 무작정 높인 시중 감귤과 비교할 게 못 된다. 새콤한 맛이 적절히 조화를 이루어서 먹으면 건강해지는 느낌이 들었다. 바람과 햇볕이 키운 야생의 맛이었다. 우려와 달리 이 귤은 판매도 곧잘 되었다. 여동생 부부는 이참에 유기농 내지 친환경 귤 생산으로 아예 방향을 잡을 계획이라고 한다.
우리는 귤을 먹을 때마다 껍질을 모아서 비닐봉지에 담은 후 냉장고 냉동실에 집어넣었다. 그리고 냉동실이 꽉 차서 더는 들어갈 수 없을 정도가 되자 꺼내어 염색을 시작했다. 긴팔 면 셔츠와 양말, 실크 스카프가 기꺼이 희생했다. 귤껍질로 염색된 것들은 애기똥풀과 개민들레로 염색된 것보다 훨씬 맑은 노란색이었다. 아이는 그 색깔을 볼 때마다 마음이 환해지는 느낌이라고 했다.

이렇게 12월의 귤껍질 염색을 끝으로 우리의 달력이 완성되었다. 비슷하지만 미묘하게 다른 노란색과 보라색 계열들, 시간을 더할수록 진해지는 갈색, 뜻밖의 색깔로 놀라게 한 장미 · 오미자 · 서리태가 자신의 달을 찾아갔다. 열두 달, 열두 번의 염료 채취, 열두 번의 염색 끝에 아이에게는 다양한 빛깔의 옷이 생겼다. 아이는 그 옷들을 입고 다니길 좋아했다. 온갖 향기로운 꽃과 풀로 아름다운 봄의 어느 날 오후, 모처럼 가족 나들이를 가자는 말에 아이는 들떠서 옷장에 걸린 열두 색깔의 옷을 고르고 골라 한껏 멋을 부렸다. 4월의 바지와 8월의 셔츠를 입고 1월의 카디건을 걸쳤다. 목에는 12월의 스카프를 둘렀으며 한쪽 어깨에 5월의 작은 가방을 멨다. 나와 아내는 누가 먼저랄 것도 없이

직접 염색한 옷들을 입고 봄나들이를 나선 아이.

엄지손가락을 치켜들었다.

자고 나면 쑥쑥 키가 크는 요즘, 옷들은 얼마 지나지 않아서 못 입게 될 가능성이 크다. 그렇지만 아이의 기억 속에서 달력의 색깔들은 결코 지워지지 않을 것이다. 색깔에 녹아 있는 추억들도 마찬가지로 잊히지 않을 것이다. 노르스름한 색을 보면 엄마의 장미가, 밝은 갈색을 보면 시간이 갈옷을 만든다는 할머니의 말씀이, 맑은 노란색을 보면 고모의 따뜻한 마음이 생각날 것이다. 그 색깔과 추억들은 아이가 살아가는 동안 불쑥불쑥 떠올라 아이를 행복하게 할 것이다.

염색 뒷이야기

우리는 염색을 할 때, 낮은 온도에서 시작해서 천천히 뜨거운 온도로 올렸다(단, 감물 염색은 실온에서 한다). 뜨거울수록 물이 잘 들지만 처음부터 뜨거운 온도로 하면 얼룩이 쉽게 생기기 때문이다.

색깔이 잘 나오려면 매염을 해야 한다. 매염이란 색소가 섬유에 찰싹 들러붙도록 특정 물질을 넣어서 도와주는 것을 말한다. 매염에는 선매염과 후매염, 동시매염이 있다. 우리의 달력에 사용된 재료에 대해서만 말하자면 선매염을 한 지치와 매염이 필요 없는 감을 제외한 나머지는 모두 후매염을 했다.

매염제로는 철, 동, 알루미늄 매염제가 흔히 이용된다. 일반적으로 철매염제는 짙은 흑회색, 동매염제는 녹색, 알루미늄매염제는 염료 본래의 색상과 비슷한 색을 내게 만든다. 우리는 환경을 고려해서, 발색이 잘되지 않더라도 매염제는 알루미늄매염제인 명반만 사용하기로 했다. 친환경 천연염색을 한다면서 초산과 황산 등으로 녹인 중금속을 아무 거리낌 없이 사용하면 반환경적이지 않을까 하는 생각이 들었기 때문이다. 사실 그런 매염제를 사용해야만 발색이 되는 경우도 있다. 그러나 적어도 우리가 염색하기로 한 재료들 중에는 반드시 그래야만 하는 것은 없었다. 쑥의 경우 동매염이 효과가 좋다지만, 명반매염으로도 그럭저럭 나쁘지 않은 결과를 얻었다. 비교적 안전하고 환경에 미치는 영향도 적다는 명반을 사용할 때도 최대한 정량을 지키려고 노력했다. 나는 이러한 사정을 아이에게 자세히 설명했다. 이해를 다 했을 리 만무하지만, 아이는 투철한 환경투사라도 된 듯 당연히 그래야 한다며 내 결정에 힘을 실어주었다.

내 비밀을 알려 줄게. 아주 간단한 거야.
잘 보려면 마음으로 보아야 한다.
가장 중요한 것은 눈에는 보이지 않는다.
- 생텍쥐페리, 『어린 왕자』

상상의 시간을 지켜줄 사진기

아이가 글을 아예 읽지 못했을 적에, 우리는 '이름 알아맞히기 놀이'를 종종 하곤 했다. 내가 다짜고짜 어떤 가게를 가리키면 아이가 그곳의 이름을 맞히는 놀이였다. 아이는 유리창 너머로 파악되는 업종, 가게 주인의 인상, 간판의 색깔과 글자 수 등의 힌트에 근거해 제 딴에는 아주 근사한 이름을 지어냈다. 장난기가 발동할 때면, 나는 안을 전혀 들여다볼 수 없는 가게를 가리켜서 골탕을 먹이기도 했다. 하지만 아이에게 그것은 큰 문제가 되지 않았다. 아이는 그곳에 드나드는 손님들의 옷차림과 건물 모양처럼 가게와 조금이라도 관계된 것이라면 뭐든 상상력공장의 용광로에 집어넣어 녹였다. 그것들이 한데 어우러져 나오는 이름은 대부분 엉뚱했다. 그러나 나는 아이가 어떤 이름을 대든 정답이라고 말해주었다. 그때마다 아이는 눈을 휘둥그레 뜨며, 대답하는 족족 정답을 맞히는 자신의 능력에 감탄했다. 이 놀이만큼 아이가 좋아한 놀이도 없었던 것 같다. 사진기를 갖게 되기 전까지는.

아이가 다섯 번째 생일을 맞던 날, 큰마음을 먹고 일명 '똑딱이'라 불리는 작은 사진기 하나를 선물했다. 애초부터 어린이용으로 기획된 저가 모델이었다. 화소는 그리 높지 않았지만 촬영한 사진에 음악을 입힌다거나 액자를 꾸미는 등 가지고 놀기에도 쏠쏠한 재미가 있었다. 동영상 촬영도 가능했다. 게다가 수심 5m까지 방수가 되고 지상 1.2m 높이에서 떨어뜨려도 망가지지 않는다고 하니(정말 그런지 일부러 시험해볼 생각은 결단코 없지만), 아이 손에 쥐여주더라도 크게 걱정할 필요가 없어 보였다. 그러나 저가 모델일지언정 아이 선물치고는 확실히 부담스러운 가격이긴 했다. 그 때문에 아내의 반대가 심했다. 하지만 단순히 장난감을 선물하는 게 아니라며 아내를 끝내 설득했다.

상상의 시간을 지켜줄 '똑딱이'

내가 완강하게 우긴 것은 아이가 글자를 배우더라도 상상력공장의 용광로가 식지 않길 바랐기 때문이다. 글자를 알게 되면 '이름 알아맞히기 놀이'가 얼마나 재미있었는지는 곧 잊어버리고, 간편하게 이름을 알려주는 글자 읽는 재미에 푹 빠진다. 그렇게 용광로는 점점 식는다. 그런데 사진 찍기는 아이가 좋아했던 '이름 알아맞히기 놀이'와 비슷하다. 가게의 특징을 잘 포착해서 그에 걸맞은 이름을 짓는 일과, 대상의 이모저모를 관찰한 후에 자기 나름의 해석을 사진이라는 틀 안에 마음껏 표현하는 일은 다를 게 없다. 둘 다 굉장한 상상력이 필요한 창의적인 일들이다. 나는 글자가 지워버릴 상상의 시간을 사진으로 지킬 수 있으리라고 기대했다.

이름 알아맞히기야 그렇다 쳐도 사진 찍기에도 상상력이 필요하다고? 당연하다. 자신만의 시각으로 대상에서 특별한 뭔가를 포착해내고, 어떻게 하면 그걸 효과적으로 표현해낼까 궁리하는 일련의 과정에 상상력이 절대적으로 필요하다. 상상력이 결핍된 사진은 너무 뻔해서 재미도 없고 감동도 없다.

'이름 알아맞히기 놀이'처럼 아이는 사진 찍기 또한 무척 좋아했다. 이름 짓기에 정답이 없었듯 사진 찍기에도 정답이 없었다. 어떻게 찍든 간섭하지 않았으며 그대로 이해하려 노력했다. 단, 애정을 가지고 대상을 바라보는 습관만은 길러주려 했다. 대상을 제대로 봐야 핵심을 표현할 수 있다. 제대로 보기 위해서는 무엇보다 그 대상을 특별하게 여겨야 한다. 자신이 의미를 부여한 특별한 것이라면 하찮은 들풀이라도 관심이 간다. 아무리 대단한 풍경일지라도 관심이 없다면 결코 잘 보이지 않는다. 나는 아이에게 천천히 대상을 관찰해서 그것이 왜 거기 그렇게 있는지를 곰곰 생각해본 후 사진을 찍으라고 가르쳤다. 그렇지만 아이는 아직까지 자기 눈에 조금이라도 신기해 보이는 것이 있으면 일단 셔터를 누르고 본다. 다행인 점은 그렇게 셔터를 누른 후 그 자리를 바로 뜨지 않는다는 것이다. 내 당부 때문인지 아이는 한참 대상을

자신만의 시각으로 사진을 찍으며 즐거워하는 아이.

아이가 첫 얼굴 여행에서 찍은 운주사 석불 사진들.
왼쪽 위부터 시계 방향으로 기쁜 얼굴, 우는 얼굴, 엄마를 기다리다 잠든 아기 얼굴,
화난 얼굴, 토라진 얼굴, 꾸벅꾸벅 조는 얼굴.

둘러본 다음 사진을 다시금 찍곤 한다.
사진기를 선물한 후, 나는 일단 아이가 사진기를 마냥 가지고 놀도록 내버려 두었다. 사진기와 친해지는 게 우선이라고 보았기 때문이다. 아이는 겨우 며칠 만에 사진기의 기능을 모조리 파악해서 자유자재로 다뤘다. 특수한 경우가 아니다. 아이들은 다 그렇다. 두려워하지 않으므로 거침이 없다.
그러나 아이가 무작정 사진기를 가지고 놀도록 내버려 두지는 않았다. 사진기가 잠깐 신기한 장난감이 될지, 본 것과 생각한 것들을 표현해주는 놀라운 도구가 될지는 순전히 부모 하기에 달렸다. 아이와 나는 종종 사진 여행을 떠났다. 단순히 그곳에 다녀왔음을 증명하는 사진 여행과는 거리가 멀었다.

바라보는 관점에 따라 다르게 보이는 세상

우리의 사진 여행은 내 사진기에 담길 사진이 아니라 아이의 사진기에 담길 사진을 위한 것이었다. 우리는 주제를 정하고 사진을 찍었다. 무엇을 찍고 왜 찍는지 함께 고민했다. 어떻게 찍을지는 아이의 몫으로 남겨두었다.
"사진기는 그림을 순식간에 그려주는 마법의 붓이야. 네가 표현하고 싶은 대로 마음껏 찍어도 돼."
나는 아이가 자신감을 가지고 자유롭게 사진을 찍을 수 있도록 응원했다. 주제와 어울리는 자신만의 작품을 만들어가는 과정에서 아이는 저절로 대상에 집중하게 되었다. 아이가 따분해한 적이 없다면 거짓말이다. 그렇지만 보통은 굉장히 흥미로워했으며, 뭔가를 해내고 있다는 성취감으로 뿌듯해했다.

우리의 사진 여행은 특정 주제의 사물을 찍는 것만으로 끝나지 않았다. 우리는 집으로 돌아오면 반드시 자신이 찍은 사진을 두고 서로에게 설명하는 시간을 가졌다. 그 시간을 통해 아이의 세계관을 조금씩 알아갈 수 있었다. 아이는 왜 그런 사진을 찍었는지, 어떤 마음으로 찍었는지 전달하려 애썼다. 때로 도무지 알 수 없는 사진을 그럴싸하게 포장하기도 했다. 나는 아이의 사진을 있는 그대로 존중했다. 절대 내 관점으로 아이의 관점을 옳다 그르다 평가하지 않았다. 세상은 바라보는 관점에 따라 다르게 보이는 법이다. 내가 별 감흥을 느끼지 못하는 것에서 아이는 엄청난 영감을 받을 수도 있다. 쇼펜하우어는 "심지어 자연이 등한히 했거나 기술이 망쳐놓은 졸렬한 건물에서도 미적인 관찰이 가능하다"[6]고 했다. 아이의 관점이 내 관점과 같아야 할 이유가 없으며, 아이의 관점보다 내 관점이 더 낫다고 할 수도 없다.

아이는 자신이 찍은 사진을 좋아한다. 정확히 말하면 종종 그 사진을 꺼내어 보는 걸 좋아한다. 당시의 기억을 떠올리며 뿌듯해한다. 사진이 없었다면 이내 잊혔을 장면과 감성들이 사진을 볼 때마다 되살아나 아이를 행복하게 한다. 내가 곁에 있기라도 하면 아이는 사진을 찍은 날의 일을 되풀이해서 이야기하기 바쁘다. 그 모습이 어찌나 귀엽고 사랑스러운지 나는 아이에게 최대한 맞장구를 쳐주며 몇 번이나 되풀이된(앞으로 더 몇 번이나 되풀이될지 결코 알 수 없는) 이야기를 잠자코 들어준다. 사진은 아이를 정말로 수다스럽게 만든다.

아이는 얼굴을 찍으러 다녔던 첫 사진 여행을 가장 자주 입에 올린다. 사진기를 선물하고 얼마 지나지 않아 아이는 자기 얼굴을 찍는 일에 흥미를 느꼈다. 두 팔을 쭉 내밀고 갖가지 표정을 지으며 셔터를 눌렀다. 과거에는 "사진이란 내 자신이 마치 타인처럼 다가오는 일"[7]임에 틀림없었다. 거울의 나와 달리 사진 속의 나는 익숙하지 않은 얼굴을 가지고 있었다. 사진 속의 나를 볼 때면 남을 보는 듯 어색했다. 그렇지만 셀피 시대에는 철저히 연출된 각도로 조각한 이상적 자아상을 찍어내기 때문에 오히려 사진 속의 나가 진짜 나인 것 같고, 현실의 나는 마치 타인처럼 다가오기도 한다. 얼굴이야말로 여러모로 생각할 거리를 던져주는 소재임에 분명하다.

아이와 닮은 얼굴을 찾아 떠난 운주사 사진 여행

우리는 전라남도 화순군에 자리한 운주사로 향했다. 벚꽃이 피던 봄과 단풍이 들던 가을 두 차례 그곳에 갔다. 나는 그 두 번 모두 아이에게 '자기를 닮은 얼굴'을 찍어보자고 제안했다. 통일신라 말기 세워진 운주사는 천 개의 석불과 천 개의 탑이 있었다고 전해진다. 그러나 전쟁으로 부서지고 도난당하기도 하면서 수가 크게 줄었다. 일제강점기였던 1942년 조사 당시 석불이 213기, 석탑이 30기 남아 있었다고 한다. 현재는 석불 80여 기와 석탑 12기가 있다. 우리가 주목한 것은 그 80여 기의 석불이다. 정형의 틀을 벗어던진 자유분방함이 돋보인다. 특히 그 얼굴들에는 애써 꾸민 흔적이 없다. 아름답게 보이기 위해 치장하지 않았다. 그저 그 시대의 얼굴들을 돌에 새겼을 뿐이다. 석불은 운주사 여기저기에 아무렇게나 널려 있다.

아이는 그 얼굴들을 찍으러 저 혼자 이리저리 분주히 다녔다.

그리고 두 번째 운주사를 방문했던 날 마침내 자신의 얼굴을 찾았다. 어느 한 석불 앞에서 한참을 쳐다보던 아이는 배추 잎처럼 나부죽한 풀잎 두 장을 뜯어 와서는 그 석불 위에 갈래머리가 되도록 얹었다. 그러더니 석불 뒤에 서서는 자기와 비슷하게 생기지 않았냐고 물었다. 자세히 보니 닮은 듯도 했다. 찢어진 두 눈과 작은 입, 윗입술에 비해 도톰한 아랫입술, 통통하게 살이 오른 볼까지 둘을 함께 놓고 보면 아이가 제대로 찾았다는 생각이 들었다. 아이는 드디어 해냈다며 기뻐했다. 그 얼굴을 찾기까지 얼마나 많은 얼굴을 유심히 살펴보았는지 너무나 잘 알기에 칭찬을 아끼지 않았다.

드디어 찾아낸, 자신을 닮은 얼굴.

아이는 운주사에서 자신의 얼굴을 찾은 후, 석불이나 장승이 보이는 곳이라면 그냥 지나치지 않았다. 운주사에서 가까운 고인돌 군락지의 장승과 경기도 양주시 장흥아트파크의 석불 앞에서는 얼마나 오랫동안 못 박힌 듯 서 있었던지, 아이도 그렇게 변한 줄 알았다. 무엇이든 기꺼이 열심히 하면 보이지 않던 것들을 틀림없이 볼 수 있게 된다. 아이는 이제 석불이나 장승을 보면 어떤 감정 상태인지 알 수 있다고 주장한다. 감정이 붓을 들고 얼굴이라는 캔버스에 그림을 그린다는 것이다. 미간이 살짝 찌푸려져 있다든지 콧구멍이 벌렁 열렸다든지 입꼬리가 아래로

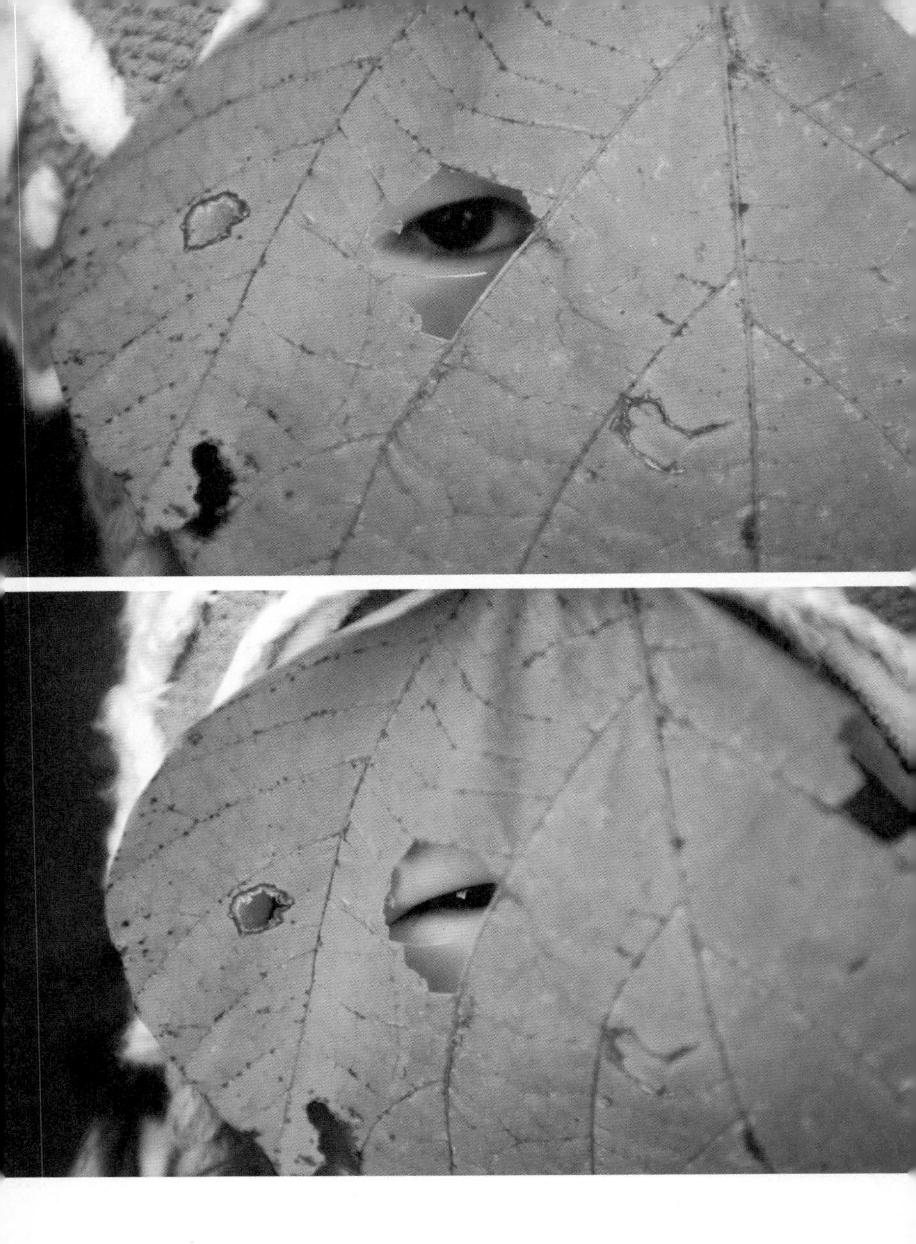

가면으로 얼굴을 가려도 눈빛에서 감정이 읽힌다고 아이가 말해주었다.

처졌다든지, 얼굴을 자세히 관찰하면 그 표정으로부터 감정이 다 보인다고 한다. 문득 오래전 남한산성에서 커다란 나뭇잎으로 아이와 가면놀이를 했던 기억이 났다. 그래서 물었다.
"가면을 쓰면?"
아이가 답했다.
"눈빛에서 보여요."
아이의 답에 깜짝 놀랐다. 아이의 말처럼 무표정의 가면이나 다양한 표정의 가면으로 나를 숨겨도 눈빛만은 숨길 수가 없다. 갑자기 부끄러워졌다. 이따금 나는 놀아주는 척, 즐거운 척, 최선을 다하는 척 가면을 쓰곤 했는데 어쩌면 아이는 내 눈빛에서 솔직한 감정을 읽고도 모른 척했을 수 있겠구나 하는 생각이 들었기 때문이다.
그런데 사진기는 내가 아이에게 선물할 때의 그 기대를 충족시켰을까? 물론이다. 나는 지금까지 내가 아이에게 선물한 것 중에서 가장 잘한 선물이 사진기라고 믿고 있다. 아이가 글자를 배우고 나서 우리는 더 이상 '이름 알아맞히기 놀이'를 하지 않지만, 함께 사진 여행을 다니며 신나는 상상의 시간을 만끽하고 있다.

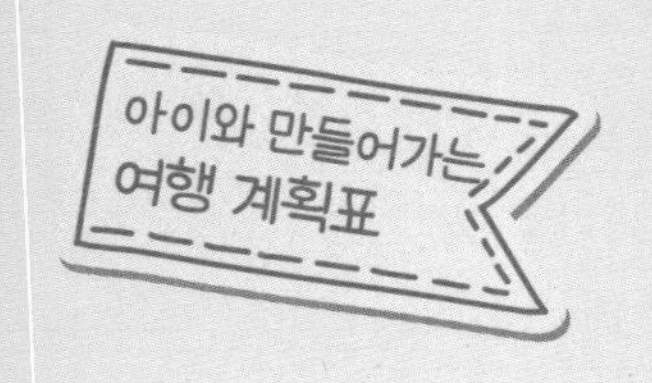

1. 아주 작은 빛의 기적, 반딧불이를 찾아서

여행 목적은? 눈에 보이지 않는다고 없는 것이 아님을 깨닫기.
어디로 갈까? 제주 청수곶자왈과 한남시험림, 경북 청도 운문산 생태경관보전지역, 경기 남양주 물골안, 경기 광주 곤지암 화담숲, 서울 강동 길동생태공원, 전북 무주 설천면 일원.
언제 떠날까? 6~8월이 반딧불이 관찰 적기.
필요한 것은? 포충망, 방한 옷, 손전등(어두운 길을 오가는 용도로만. 반딧불이 서식지에서는 사용 금지), 그리고 어둠 속에서 오랫동안 견딜 끈기와 용기.

2. 노란색 달빛을 훔쳐 먹은 날

여행 목적은? 색은 보기만 하는 것이 아니라 먹을 수도 있다. 생각을 비틀면 세상이 새롭고 즐겁다는 사실 알기.
어디로 갈까? 달맞이꽃은 시골 들녘 어디나 아주 흔하다. 그게 달맞이꽃이라는 걸 모르고 지나칠 뿐. 그럼에도 강원도 정선군 신동읍 덕천리 거북마을을 추천하고 싶다. 동강을 낀 마을의 풍경이 그림 같아서.
언제 떠날까? 그 이름처럼 '달을 맞이하는 꽃'을 보며 제대로 감상에

젓고 싶다면 아무래도 달이 가장 밝은 보름 즈음이 좋지 않을까?

어떻게 할까? 굳이 달맞이꽃이 아니더라도 다양한 꽃들로 차를 내리며 그 색의 맛을 음미할 수 있다. 단, 그 꽃이 식용 가능한지 반드시 미리 확인할 것.

3. 색깔달력, 아이가 물들인 열두 개의 색깔

여행 목적은? 각 달을 상징하는 색깔로 옷감을 물들이며, 자연에 대한 관심과 색깔에 대한 이해 높이기.

어떻게 할까? 온 가족이 모여 앉아 열두 달을 대표하는 꽃, 풀, 열매 등을 찾아보고 그것으로 염색이 가능한지 따져보자. 미리 계획이 세워졌다고 하더라도 어느 날 갑자기 특정 재료가 튀어나와서 기존 재료를 밀어내고 그 자리를 대신 차지할 수도 있다. 항상 가능성을 열어두고 주변의 자연물들을 관찰하자.

이상과 현실 염색을 해보면 생각처럼 색깔이 스며들진 않고 얼룩만 생기기 십상이다. 그러므로 아끼는 옷은 피하자. 버려도 그만인 후줄근한 옷이 좋다. 그런 옷이라야 부담이 없고, 새로운 색깔을 입혀 말끔한 옷으로 재탄생시킨다는 보람도 있다.

4. 상상의 시간을 지켜줄 사진기

여행 목적은? 사진 찍기를 통해 대상을 보는 다양한 방법 스스로 깨치게 하기.

어디로 갈까? 먼저 사진의 주제를 정하고 그에 어울리는 장소를 찾는다. 예를 들어 드라마틱한 그림자를 찍기에는 해 질 녘의 텅 빈 운동장이 좋다. 사물의 원래 모습과는 전혀 다르게 그림자를 만들어낸다. 길게 늘어진 철봉과 무지개처럼 거대해진 구름다리, 그리고 거인이 된 아이.

[본문 여행 중] 전라남도 화순군에 자리한 운주사. 통일신라 말기 세워진 사찰로 천 개의 석불과 천 개의 탑이 있었다고 전해진다. 그러나 전쟁으로 부서지고 도난당하면서 현재 석불 80여 기와 석탑 12기가 있다. 운주사 여기저기에 널린 자유분방함이 돋보이는 석불들에는 애써 꾸민 흔적이 없다. 그저 그 시대의 얼굴들이 새겨져 있다.

어떻게 할까? 사진을 찍었으면 돌아와서 그것을 두고 함께 이야기하는 시간을 반드시 갖자. 아이의 생각을 엿볼 수 있을 뿐만 아니라, 부모를 이해시키기 위해 설명을 거듭하는 과정에서 아이의 논리력도 향상된다.

소리는 종류가 참 많기도 하다.
가만 눈 감으면 떠오르는 아름다운 소리,
가끔은 어떤 색깔처럼 보이기도 하는 소리,
잘 듣고 말하지 않으면 소음일 뿐인 소리,
마음의 귀로 들어야 하는 소리…….

아이와 나는 여행을 통해 그런 소리들을 만났다.

듣고
말한다는
것

갈대의 나부낌에도 음악이 있다. 도랑의 여울에도 음악이 있다.
사람들이 귀를 가지고 있다면 모든 사물에서 음악을 들을 수 있다.
- G. G. 바이런.

소리사냥을 떠나자

계절이 성급하게 여름으로 넘어가 버린 듯, 선선한 기운이라고는 찾아볼 수 없던 5월 말의 초저녁. 잠시 친정에 다녀오겠다던 아내에게서 전화가 왔다. 늦어진다는 얘긴가 보다 하고 받았는데, 전화를 건 이는 다름 아닌 아이였다. 인사말도 생략한 채 아이는 다짜고짜 말했다.

"이것 좀 들어보세요, 아빠."

전화기 너머로 족히 수백 마리는 됨 직한 개구리들의 우렁찬 울음이 선명하게 들렸다. 짝짓기 철을 맞아 수컷들이 암컷들에게

아이가 계곡물소리를 들으며 동시에 녹음하고 있다.

바치는 구애의 노랫소리였다. 택시를 타고 집으로 돌아오던 아내와 아이는 그걸 내게 들려주겠다고 수풀 우거진 동네 어귀에 멀찌가니 내려서 걷는 수고를 마다하지 않았다. 집에 도착한 아내는 말했다.
"차창을 열고 바람을 맞고 있자니 개구리 합창이 어찌나 크게 들리던지요. 얘가 아빠한테 당장 전화해서 함께 듣자고 하지 뭐예요."
그 마음 씀이 고맙고 예뻐서 아이를 살포시 안은 다음 머리를 부드럽게 쓰다듬어주었다. 덕분에 미나리못이나 버들못 같은 습지를 누비며 개구리를 잡으러 다녔던 어릴 적의 즐거운 모습이 떠올라서 정말로 행복했다고도 이야기해주었다. 아이는 잘은 모르지만 자신이 뭔가 굉장한 일을 해냈다고 여기게 됐는지 의기양양하게 어깨를 한 번 으쓱거리고는 씨익 웃어 보였다. 뜻밖의 전화 선물을 받은 나는 아이에게 실질적으로 보답할 방법은 없나 찾아보았다. 답은 간단했다. 그대로 돌려주는 것이었다.

'소리는 추억을 환기시키는 힘이 있어. 내게 특별했던 소리가 들릴 때면 관련 기억이 생생하게 재생되지. 그런 소리들을 언제든지 꺼내어 들을 수 있게 된다면 아이도 나처럼 행복해하지 않을까?'
실행에 옮겨야 생각이 가치 있는 법. 즉시 가족회의를 소집한 후 말했다.
"소리를 사냥하러 가자."
뜬금없는 내 제안에 아내와 아이는 어안이 벙벙한 모양새였다. 내가 생각하는 소리사냥은 특정 소리를 목표로 정한 후에 그걸 최대한 고스란히 사로잡는 여행이었다. 어떤 소리를 사냥하느냐는 사냥꾼 마음에 달렸다. TV나 라디오로만 접해봐서 '진짜'가 궁금한 소리, 점점 사라져가는 것들의 소리, 별도의 장소나 계절에만 들을 수 있는 소리, 악기를 연주하는 소리, 심지어 귀를 먹먹하게 만드는 중장비 소리 같은 지독한 소음까지도 상관없다. 나름의 의미만 있다면 말이다. 여행지에 갔을 때, 우리는 단지 보기만 하지 않는다. 냄새도 맡고, 소리도 듣고, 온도나 습도와 같은 공기의 질감도 느낀다. 평소 눈이 주인공인 여행을 해왔다면 귀가 주인공인 여행도 못 할 이유가 없다.
나는 소리사냥이라는 다소 황당한 여행을 통해 아이에게 소리와 관련된, 평생 잊히지 않을 추억을 만들어주고 싶었다. 그 과정에서 아이는 많은 것을 얻게 될 것이다. 오로지 들리는 소리만 듣는 수동적 듣기가 아니라, 듣고자 하는 소리를 스스로 찾아내어 듣는 능동적 듣기를 통해 아이는 창의적 문제해결 능력을 키우게 될 것이다. 언제, 어디서, 어떻게 효과적으로 소리를 담아야 할지 많은 고민을 해야 하기 때문이다. 또한 아이는 원하는 소리를 담기 위해

인내하며 집중하는 법도 배우게 될 것이다. 소리를 성공적으로 포획했을 때 느낄 뿌듯한 성취감은 시도하고 도전하기를 겁내지 않는 아이로 성장시킬 것이다.

나는 소리사냥이 무엇이며 왜 그걸 하려는지 아내와 아이에게 자세히 설명했다. 아내는 가만히 고개를 끄덕였다. 아이는 단지 '사냥'이라는 말에 무척 고무돼 있었다.

우리는 일단 자연의 소리에 한정해 사냥감을 찾기로 했다. 그 결과 '조수 웅덩이의 생물 소리' '늦가을 갈대숲 소리' '숲 속 새소리' '낙엽 밟는 소리'를 사냥하자는 데 의견이 모였다. 사냥감도 정해졌으니 이제 장비만 챙기면 된다. 사냥을 잘하려면 제대로 된 총이 있어야 한다. 휴대폰으로 녹음을 해볼까도 생각했지만 조금 욕심이 생겨서, 10년 전부터 사용해온 녹음기에 장착할 자그마한 비지향성 마이크를 장만했다. 어느 한 방향만이 아니라 모든 방향의 소리를 감지하는 마이크다. 바람에 녹음이 방해받지 않도록 마이크 위에 끼우는 털북숭이 윈드스크린도 잊지 않았다(우리가 하려는 녹음이 아주 까다로운 환경 아래서 극도로 미세한 소리들을 담기 위한 목적은 아니었으므로 굳이 고가의 음향 장비까지 필요하지는 않았다. 마이크와 윈드스크린을 사는 데 3만 원쯤 들었다). 이로써 공중으로 흩어져 이내 사라져버릴 소리에 생명의 기운을 불어넣을 사냥 준비가 마침내 끝났다.

귀를 간질이는 조수 웅덩이의 생물들 소리

집과 야외에서 몇 차례의 마이크 작동 테스트를 거친 후, 우리는 드디어 첫 소리사냥에 나섰다. 장소는 조간대 조수 웅덩이.

사냥감은 그곳에 사는 생물들의 소리였다. 조간대란 썰물 때는 드러났다가 밀물 때는 잠기는 육지와 바다의 중간 지대를 말한다. 지형에 따라서 모래조간대, 갯벌조간대, 암반조간대로 나뉜다. 생명체의 입장에서 보자면 조간대는 열악하고 척박하기 짝이 없는 공간이다. 그럼에도 불구하고 조간대에는 그 환경에 적응하면서 수많은 생물들이 산다. 우리가 목표로 정한 조수 웅덩이는 썰물 때도 물이 다 빠져나가지 못하고 고여 있는 바닷가의 연못과 같은 곳이다. 제주도와 같은 암반조간대에 조수 웅덩이가 특히 발달해 있다. 수면 위로 드러난 바위에는 군부, 따개비, 거북손 등이 척 달라붙어 따가운 햇볕을 견딘다. 바퀴벌레처럼 생긴 갯강구는 외려 햇볕이 좋은 듯 활발하게 돌아다닌다. 수면 아래에서는 보말고둥과 댕가리가 느릿느릿 움직인다. 털다리참집게와 줄새우아재비, 점망둑, 꼬마청황, 아홉동가리, 앞동갈베도라치 등은 인기척에 놀라 미역과 톳 사이로 숨는다.

조간대 생물들을 유리병에 넣고 그 소리를 녹음하며 즐거워하는 아이.

우리는 제주도 성산 지역 암반조간대의 조수 웅덩이에서 그 광경을 조용히 지켜보았다. 아이는 다양한 생물이 건강한 생태계를 이룬 조수 웅덩이에 완전히 마음을 빼앗겨버렸다. 나는 아이에게 눈으로 찡긋 신호를 보냈다. 아이는 조수 웅덩이의 수면에 마이크를 바짝 가져다대고 소리를 녹음했다. 녹음기에는 헤드폰을 연결해서 실시간으로 소리를 확인했다. 그러나 아무 소리도 들리지 않았다. 아이가 고개를 가로저었다. 우리는 조수 웅덩이에서 잠시 물러나 작전타임을 가졌다. 아이가 마이크를 물속에 넣자고 했다. 그러나 그건 안 될 말. 방수가 되지 않기 때문이다. 아이는 그렇다면 조수 웅덩이에 사는 녀석들을 병에 넣어서 그 소리를 녹음하자고 했다. 달리 방법이 없는 것 같아 아이의 제안을 따르기로 했다. 우리는 보말고둥과 댕가리를 비롯해 각종 게들을 잡아서 유리병에 담았다. 작은 뜰채라도 있었더라면 물고기까지 잡았을 텐데 무척 아쉬웠다. 졸지에 병에 갇힌 녀석들은 당황해서 이리저리 움직였다. 아이는 이때다 하고 유리병 입구에 마이크를 가져다댔다. 그런데 소리를 채집하던 아이가 갑자기 웃음을 크게 터트렸다.

"아빠, 귀가 엄청 간지러워요. 얘네가 '사각사각, 딸깍딸깍, 또로로로록' 소리를 내면서 자꾸만 귀를 간질여요."

아이의 헤드폰을 건네받아 들어보니 정말 그랬다. 마치 누군가 내 귀에 입을 바짝 대고 소곤소곤 속삭이는 느낌이었다. 우리에게 조수 웅덩이 생물들의 소리는 그렇게 기분 좋은 소리로 기록되었다. 우울할 적이면 가끔 우리는 녹음된 이 소리를 꺼내어 듣곤 하는데, 잔뜩 흐렸던 마음의 창이 언제 그랬냐는 듯 금세 화창해진다.

풍경이 되는 늦가을 저녁의 갈대밭 소리

겨울로 안내하는 늦가을 서늘한 바람에 바짝 마른 갈댓잎이 부대끼는 소리를 우리는 담고 싶었다. 그게 처음의 계획이었다. 그런데 갈대밭은 우리가 생각지도 않았던 소리들을 품고 있었다.

가창오리의 날갯짓, 풀벌레의 노래,
바람에 서걱대는 갈댓잎이 아름다운 가을의 소리를 완성한 신성리 갈대밭.

서천의 신성리 갈대밭에서 그 사실을 알게 되었다.
가창오리 군무를 보러 나포 들녘 제방에 다녀오는 길, 우리는 가까운 신성리 갈대밭에 들렀다. 길이가 무려 1km가 넘을 정도로 규모가 큰 갈대밭이다. 금강 하굿둑이 건설되기 전에는 인근의 논까지도 전부 갈대로 뒤덮여 있었다고 한다. 해가 진 갈대밭에는 우리 외에 아무도 없었다. 초승달이 겨우 길을 비추는 갈대밭을 우리는 설렁설렁 걸었다. 바람이 제법 불어 갈댓잎이 쉬지 않고 부대꼈다.
'사사사사삭 쏴아.'
마치 해안으로 밀려왔다가 서둘러 빠져나가는 파도처럼 갈댓잎 소리는 시원했다. 아이는 갈대밭 산책로 한편에 마련된 벤치에 앉아 그 소리를 녹음하기 위해 마이크를 꺼냈다. 그러고는 가만히 눈을 감은 채 마이크로 증폭되어 들려오는 갈댓잎 소리에 집중했다.
꿈쩍조차 하지 않으며 한참을 듣던 아이가 빙그레 웃으며 말했다.
"여긴 갈대만 있는 게 아니에요."
사실 갈댓잎 소리에 정신이 팔린 나머지, 우리는 다른 소리에 전혀 신경을 쓰지 못했다. 그래서 어떤 소리들이 갈대밭을 채우고 있는지 알 턱이 없었다. 이곳에는 대다수의 동료가 먹이 활동을 위해 근처 논으로 날아간 것과 달리 여전히 강에 남아 휴식을 취하는 일부 가창오리들이 잠깐씩 날갯짓하는 소리, 가을과 함께 곧 이곳을 떠날 풀벌레들이 노래하는 소리, 강물이 출렁이는 소리, 뜸부기가 우는 소리 등이 갈댓잎 소리와 하모니를 이루고 있었다.
집으로 돌아와 녹음된 그 소리를 다시 들었을 때, 우리는 놀라운 경험을 했다. 각각의 소리가 머릿속에서 어우러져 하나의 완벽한

소리를 더 잘 듣기 위해 궁리 끝에 직접 집음기를 만들었다.
아이가 동백숲에서 그 집음기로 새들의 교향악을 감상하고 있다.

늦가을 갈대밭 풍경을 그렸던 것이다.

동백숲 속에서 새들이 교향악을 연주하는 소리

새들의 황홀한 연주를 듣기에 가장 좋은 시간은 새벽에서 아침으로 넘어갈 때다. 어둠의 장막이 스르르 걷히면서 아침 햇살이 숲으로 스며들기 시작하면 새들은 최고의 연주자들로 구성된 대형 오케스트라를 가동한다. 아, 그 순간의 감동을 어떻게 말로 설명할 수 있을까.

우리는 공연 시간에 맞춰 전남 장흥의 동백숲 속으로 들어갔다. 약 20ha의 면적에 30~40년 된 동백나무 1만여 그루가 자생하는 어마어마한 규모의 숲이다. 이번에는 '특수' 장비를 하나 추가했다. 아이와 함께 만든 집음기다. 뭐 대단한 기술이 들어간 것은 아니다. 소리를 조금이라도 더 잘 모을 수 있게 우산을 펼쳐서 거꾸로 뒤집은 후 그 중앙에 마이크를 고정했을 뿐이다.

우리는 숲 속 빈터에 자리를 잡고 집음기를 펼쳤다. 아이는 매번 그랬던 것처럼 헤드폰을 낀 채 실시간으로 소리를 들었다. 아이의 눈이 휘둥그레졌다. 집음기 효과가 제법 괜찮은 모양이었다. 아이는 마치 지휘자라도 된 것처럼 누워서 두 팔을 허공에 휘저으며 새들의 교향악에 빠져들었다. 나 또한 얼른 그 음악이 듣고 싶어서 아이에게 양해를 구한 후 헤드폰을 껴보았다. 소리의 공간감이 세상에서 가장 훌륭한 콘서트홀도 부럽지 않을 만큼 깊고 넓었다. 여기저기서 동박새, 직박구리, 어치가 자신의 파트를 명징하게 연주했다. '휘리릭휙휙 휘이익' 동박새가 바이올린처럼 아름다운 소리로 주선율을 담당하고, '삐리릭 삐익' 직박구리는 피콜로처럼 높은 음으로 자신의 존재감을 과시했다. '카카칵 카악, 츠츠츠 츠으' 흉내 내기의 대가인 어치는 이따금씩 까치와 쓰르라미 소리를 번갈아 내며 타악기처럼 화음을 조성했다.
새들은 소리의 고저, 강약, 장단 배열을 조금씩 달리하며 의사소통을 한다. 그런 방법으로는 제한적인 내용만 전달할 수 있을 것 같지만, 그보다 훨씬 복잡한 대화를 나누고 있을지도 모른다. 스페인령 카나리아 제도의 라고메라 섬 사람들이 '실보 고메로'라는 휘파람언어로 소통하는 것처럼 말이다. 이 언어는 새소리를 본떠 만들었다. 각각의 모음과 자음을 나타내는 명백히 특징적인 휘파람(그러나 라고메라 섬 사람들이 아닌 한 구분하기 힘든) 소리를 조합해 의사 표현을 하는데, 정확도가 매우 높다. 그러니 새들의 지저귐이 체계화된 언어가 아니라고 단정할 수만은 없다.
한편, 새들의 훌륭한 오케스트라는 우리가 말을 하거나 부스럭거릴 때면 어김없이 멈췄다. 이 때문에 새들의 연주를 방해하지 않기 위해, 그리고 그 음악을 온전히 감상하기 위해 우리는 숨조차 조심스럽게 내쉬었다.

낙엽이 발에 밟혀 바스러지는 소리

아이와는 가끔 헌·인릉을 찾아 산책을 하며 시간을 보내곤 한다. 자동차로 20여 분 거리에 있어 부담스럽지 않고, 사람들이 많지 않아 복잡한 머리를 조용히 정리하기에도 그만이다. 유네스코 세계문화유산에 등재된 조선 왕릉은 모두 44기에 이르는데, 왕릉은 사대문 밖 100리 이내에 두는 것을 원칙으로 조성된다. 여주에 자리한 세종대왕릉처럼 예외적인 것도 있다. 서울

서초구 내곡동의 헌·인릉은 조선 3대 왕인 태종과 원경왕후가 묻힌 헌릉, 조선 23대 순조와 순원왕후가 묻힌 인릉을 말한다. 헌·인릉에는 2.2km 길이의 산책로가 있다. 그중 약 500m는 오리나무숲길이다. 5리(2km)마다 심어서 거리의 척도로 삼았다고 오리나무다. 이 나무는 군락지가 많지 않다는 점에서 생태적으로 중요한 자산이다. 이에 서울시에서는 헌·인릉의 오리나무숲을 생태경관보전지역으로 지정해 관리하고 있다. 오리나무숲을 지나면 본격적인 산책 코스가 시작되는데, 참나무가 대표 수종으로서 숲을 이루고 있다. 이 길을 걷기에 가장 좋을 때는 낙엽 지는 계절이다. 조붓한 오솔길 위에 가을이 남기고 간 낙엽이 수북이 쌓이면 무척 아름답다. 게다가 그 낙엽을 밟고 걷노라면 그렇게 낭만적일 수가 없다.
우리는 낙엽 밟는 소리를 담기 위해 그 길에 섰다. 발목까지 빠질 정도로 두껍게 깔린 낙엽 위를 걸을 때마다 '바스락바스락' 소리가 났다. 바람이라도 불라치면 하늘에서 비처럼 떨어지는 낙엽이 길 위에서 몇 바퀴씩 데구루루 굴렀다. 아이는 두 손으로 낙엽을 잔뜩 모아 허공에 뿌리거나 폭신한 길 위에 누워서는 자신 또한 낙엽처럼 데구루루 구르며 즐거운 시간을 보냈다. 그러다가 낙엽 비가 내리는 소리와 낙엽이 구르는 소리도

헌·인릉에서 아이가
낙엽을 밟으며 그 소리를
녹음하고 있다.

담겠다며 이리저리 뛰어다녔다. 솔직히 말하자면 이날의 녹음은 들어줄 만한 품질이 아니다. 낙엽을 밟는 소리만 그럭저럭 괜찮게 녹음되었다. 나머지 부분은 아이의 웃음소리와, 녹음을 성공적으로 해내기 위해 궁리하는 아이의 목소리 따위로 채워져 있었다. 그래서 이 소리사냥을 실패했다고 평가하느냐 하면 그렇지는 않다. 녹음의 품질보다 소리를 잡기 위해 집중하는 순간의 기억이 더 중요하다고 보기 때문이다.

오랫동안 떨고 있는 파곳(바순)의 소리는
모든 것을 서서히 초록빛으로 물들인다.
- 칸딘스키 산문시 「파곳」

소리의 색깔을 듣다

겨울과 봄이 힘겨루기를 하던 2월 말, 우리는 진도 운림산방에 있는 소치 생가의 툇마루에 앉아 있었다. 바람은 찼으나 툇마루로 드는 햇볕이 참 따스했다. 그곳에서 바람과 햇볕 중 누가 힘이 더 센지 이야기하는 중이었다. 불현듯 아이가 말했다. "파란 색깔 소리네." 당시 아이는 고작 다섯 살이었다. 아직 너무 어린 탓에 표현이 뒤죽박죽이겠거니 그냥 넘기려는 찰나, "대나무 잎이 바람에 흔들리는 소리가 완전 파래요"라고 똑똑히 말했다. 아이는 의도한 바대로 말하고 있음이 분명했다.

나는 아이의 말을 굉장히 심각하게 받아들였다. 만약 색청(色聽, coloured hearing)이라면 당장 짐을 싸서 정말로 조용한, 그래서 예측 가능한 범위 내에서 소리가 완벽히 통제되는 곳으로 이사를 가야 하기 때문이었다. 색청은 소리를 소리로만 듣지 못하고 색깔로까지 보는 일종의 병증이다. 소리가 들릴 때마다 사방팔방으로 색깔이 튄다고 상상해보자. 축제가 벌어지는 광장, 2015 쇼팽콩쿠르 우승자 조성진과 바르샤바 필하모닉의 협연이 펼쳐지는 대형 콘서트홀, 여치와 귀뚜라미를 비롯한 온갖 풀벌레들과 새소리로 가득한 한여름의 풀밭에서 가만히 눈을 뜨고 있지는 못할 것이다. 정신이 온전히 남아 있지 않을 테니까. 색청은 결코 낭만적인 축복이 아니다. 특별한 능력이지만 엄연히 괴로운 현실이다.
다행히 아이는 색청과는 무관했다. 마음에 확실한 좌표를 남길 정도의 경이로운 소리를 들었을 때, 단지 그것과 감성적으로 비슷하다고 여기는 색깔이 떠올랐던 모양이었다. "겨우 댓잎을 흔드는 바람 소리가 그런 소리냐?"라고 묻는다면 나는 서슴없이 "그렇다"라고 답할 것이다. 눈을 감아보자. 당신은 지금 대숲에 홀로 서 있다. 고요했던 숲에 갑자기 소리의 파도가 몰아친다. 바람이 댓잎을 때리는 소리다. 파도가 온 사방에서 당신에게로 달려든다. 게다가 당신은 그 파도를 생애 처음 맞고 있다.
내게 소리는 소리이고 색깔은 색깔일 뿐이지만, 아이에게는 동일한 감성을 불러일으킨다는 점에서 소리와 색깔이 다르지 않았다. 이를테면 이런 것이다. 통상적으로 파란색은 차갑고, 빨간색은 따뜻하며, 연두색은 싱그럽고, 흰색은 순수하다. 색깔이 감성적으로 이해되는 것처럼 소리 또한 마찬가지다. 온화하고, 날카롭고,

아이는 댓잎을 흔드는 소리가 파랗게 보인다고 했다.

메마르고, 감미롭고, 두려운 소리가 있다. 내가 색깔과 소리를 분석적으로(무슨 색깔인지, 누가 내는 소리인지, 어떤 뜻인지) 접근했다면, 아이는 그것을 감성적으로 접근했던 것이다. 분석적으로 접근할 때 둘 사이에 유사성이라고는 발견할 수 없다. 하지만 감성적으로 접근할 때 그 둘은 얼마든지 같은 의미를 지닌 신호가 된다. 아이가 다섯 살이 아니라 아홉 살이나 열 살쯤 되었더라면, 아마도 그 둘을 완벽히 분리해서 말했을 게 틀림없다. 나이가 들수록 세상은 모든 것을 정확하게 처리하라고 강요하기 마련이니까.

색청이 아니라는 사실을 알게 되자, 나는 소리를 색깔과 연동해서 받아들이는 것을 적극 장려했다. 창의성 발달에 도움이 되기 때문이었다. 아이는 차츰 소리를 색깔로 표현하는 것을 넘어 색깔을 맛으로 표현하기도 했다. 아이는 노래를 자주 지어 부른다. 그중에 "무지개 색깔은 달콤해"라는 제목의 노래가 있다. 그 노래에서 아이가 색깔을 달콤하다고 말한 것은 "빨간색은 토마토, 주황색은 당근, 노란색은 귤, 초록색은 피망, 파란색은 사과(파란 사과가 있었나? 난 도대체 모르겠지만 아이의 세계에는 그 색깔 사과가 있나 보다), 남색은 블루베리, 보라색은 가지"에서 왔다고 믿어서였다.

나아가 아이는 아무런 연관도 없어 보이는 서로 다른 것들 사이에서 닮은 점을 찾아내며 즐거워하기도 했다. '생각하는 법'을 널리 알리는 데 반평생을 바친 빈센트 라이언 루기에로는 이를 '유비(analogy)'라고 불렀다. 그에 따르면 유비는 창의적 상상력을 활성화하기 위한 아주 중요한 요소 중 하나다(루기에로는 창의적 상상력 활성화를 위해 다음 일곱 가지 방법을 제안한다. 흔치 않은 반응을 의도적으로 생각할 것. 자유 연상을 사용할 것. 유비를 사용할 것. 색다른 조합을 물색할 것. 해결책을 시각화할 것. 찬반 주장을 구성할 것. 타당한 시나리오를 구성할 것).[8] 아이에게 유비는 하나의 놀이였다. 그리고 이 놀이는 자연스럽게 아이의 시야와 사고를 무한히 확장했다.

내가 소리를 색깔과 연동해서 받아들이는 것을 적극 장려한 다른 이유는 문학적 감수성 발달에 도움이 되기 때문이었다. 아이가 소리를 색깔로 표현한 것은 공감각적 수법에 해당한다. 소리와 색깔, 색깔과 맛, 그리고 서로 다른 것 사이의 연관성 찾기 등의 놀이를 예사로 하는 사이에 아이는 공감각적 수법을 비롯해 비유와 상징 따위를 저도 모르게 쓰며 익혔다. 아이가 그 같은 새로운 표현을 쓸 때마다 "어떻게 그런 걸 다 떠올렸어?"라거나 "깜짝 놀랄 만큼 멋진 말이네"라고 적극 호응하면서 듬뿍 칭찬해주었다. 그럴수록 아이의 자신감은 커졌고 평소 대화 중에도 자주 그런 표현을 사용했다. 이렇게 하다 보면 아이가 훗날 본격적으로 문학작품을 접할 때, 자신이 이미 읽기 위한 준비와 나아가 쓰기 위한 훈련이 썩 잘되어 있음을 알게 된다.

내 아이와는 무관한 이야기라고 여기는 부모가 당연히 많을 것이다. 그런데 아이들이 소리에서 색깔을, 색깔에서 맛을, 무엇에서 또 다른 무엇을 주도적으로 말하지 않더라도 창의성과 문학적 감수성은 얼마든지 배양할 수 있다. 사실 그것은 부모의 말 한마디로 가능하다. 루기에로의 조언을 살짝 뉘앙스를 바꿔 옮기자면 "저게 뭘 생각나게 해?"라는 물음으로 충분하다. 그러면 아이는 별의별 것들 중에서 비슷한 것을 기어이 찾아낼 테니까.

어쨌든 아이는 소리에서 색깔을 볼 때마다 조잘댔다. 그중 아이에게 강한 인상을 남긴 몇 가지 소리가 있다. 만약 괜찮다 싶은 게 있다면 시간을 내어 아이와 함께 그 소리를 들으러 가보자. 그리고 아이에게 살며시 물어보자. "저 소리는 어떤 색깔을 띠고 있을까?" 혹은 "저 소리를 들으면 뭐가 떠오르니?"

부석사 사물 소리의 색깔은?

은행나무가 노란 등불을 켜기에는 조금 일렀던 초가을, 우리는 부석사로 향했다. 신라 문무왕 16년(676년) 의상대사가 창건한 부석사는 건물 배치가 계획적이고 건축 수법이 뛰어나기로 유명한 절이다. 무량수전, 조사당과 조사당 벽화, 소조여래좌상, 석등 등 수많은 국보급 문화재를 간직하고 있다. 특히 배흘림으로 기둥을 세운 무량수전은 우리나라를 통틀어 봉정사 극락보전 다음으로 오래된 목조 건축물이다. 그러나 우리의 목적은 그것들을 보는 데만 있지 않았다. 그래서 뉘엿뉘엿 기우는 해가 부석사에 찾아왔던 사람들을 하나둘씩 집으로 돌려보낼 때도 전혀 개의치 않았다. 우리는 그 시간 후의 어떤 소리를 기다리고 있었다. 어스름의 푸른 공기를 헤치며 울려 퍼지는 불전 사물의 소리였다.
부석사에서는 저녁 여섯 시가 되면 어김없이 불전 사물을 두드려 뭇 생명을 위로한다. 불전 사물이란 법고, 목어, 운판, 범종을 말한다. 법고는 네발짐승, 목어는 수중 동물, 운판은 날짐승, 범종은 지옥 생명을 위해서 차례대로 몸 바쳐 운다. 우리는 범종루 앞에서 마치 우리만을 위해 준비된 것인 양 그 소리를 오롯이 받아들였다. 불전 사물의 소리를 처음 접한 아이는 흠칫 놀라 내 바지춤을 꽉 붙잡고 있었다. 곧 그 손을 풀고 혼자 서 있기는 했지만, 아이의 얼굴은 내내 심각해 보였다. 불전 사물 연주가 모두 끝난 후,

부석사에서 저녁이 되자 스님이 법고를 두드리고 있다.
이천 세라피아의 소리나무.

아이에게 그 이유를 물었다. 각각의 것들은 완전히 이질적인 소리를 냈음에도 불구하고, 아이가 듣기에 어느 것 하나 할 것 없이 무척 슬펐단다. 그 소리들이 검은색 망토를 펼치며 와락 달려들었다고 했다. 심장 고동처럼 두근두근 울렸던 법고 소리와, 끊임없이 무거운 파문을 만들어냈던 범종 소리가 유독 더 검었단다. 사물 소리의 먹구름이 몰려와 몸을 완전히 에워싸자 자신이 뭔가 잘못한 것 같다는 생각에 저절로 주눅이 들었다고 했다. 아이의 얼굴에 드리웠던 그늘은 마지막 범종 소리까지 허공으로 흩어져 사라지고 나서야 비로소 말끔히 걷혔다.

소리나무 풍경 소리 색깔은?

도자기로 유명한 경기도 이천에 가면 도자기를 전시하고 연구하는 '세라피아'라는 공간이 있다. 세계도자비엔날레가 2년마다 열리는 곳이기도 하다. 우리는 이곳에서 어떤 도자 작품 하나에 완전히 마음을 빼앗기고 말았다. 바로 조각가 성동훈 씨가 만든 '소리나무'라는 작품이었다. 철골로 커다란 나무를 세우고 거기에 도자기로 만든 풍경 이천 일곱 개를 달았다. 전체적인 모습은 나무에 뭉게구름이 걸린 듯한 형상이다.

소리나무는 바람을 좋아한다. 바람의 세기에 호응하며 소리를 낸다. 살랑바람에는 고양이 걸음처럼 '딸랑딸랑' 가볍게 도자 풍경을 울리고, 싹쓸바람에는 '좌르르좌르르' 쉴 새 없이 경쾌한 소리를 쏟아낸다.

8월의 어느 무더운 여름날, 아이는 소리나무 앞에서 따가운 햇살에도 아랑곳하지 않고 한참을 서 있었다. 다행히 바람이 제법 불어 흐르는 땀을 식혀주었다. 그 바람은 소리나무에 걸린 도자 풍경들도 쓰다듬으며 지나갔다. 그때마다 도자 풍경이 즉흥곡을 연주했다. 아이는 그 음악에 흠뻑 빠져들었다. 바람이 잠잠해져서 침묵이 이어지는 시간조차 연주의 일부로 받아들이며 자리에서 움직이지 않았다. 그러던 중에 아이가 말했다.
"나무에서 밝은 노란색과 연두색 소리들이 쏟아져 내려요. 아름다워요."
왜 그렇게 느꼈는지 어렴풋이 알 것 같았다. 나 또한 그 소리를 들으면 마음이 한없이 맑아졌기 때문이다.

가창오리 군무 소리 색깔은?

해마다 10월 말이면 시베리아의 혹한을 피해 국제보호종인 가창오리 수십만 마리가 우리나라를 찾아온다. 이들은 드넓은 논을 끼고 있어서 먹이가 풍부한 서산 천수만, 서천과 군산을 가르는 금강 하구, 고창 동림저수지 등에서 겨울을 난다. 그리고 이듬해 3월이 되면 왔던 길을 거슬러 돌아간다. 야간에 먹이 활동을 하는 가창오리들은 낮 동안 강이나 저수지에서 쉬다가 해거름 녘이면 인근의 논으로 자리를 옮긴다. 그런데 그 이동이 단번에 이루어지지 않는다. 떴다 앉기를 지겹게 반복하며 애를 태우다가 어느 순간 마침내 결심이 서면 일제히 날아올라 한바탕 신나게 군무를 펼친다. 고래가 되어 하늘에서 헤엄을 치거나, 갑자기 그물을 펼치듯 넓게 간격을 벌리며 서둘러 나온 달을 포획하기도 한다.
나는 가창오리들의 경이로운 공연을 아이에게도 보여주고 싶었다. 그래서 가을이 슬슬 작별을 고하던 11월 중순의 어느 날,

가창오리는 다양한 모습으로 변신하며 군무를 춘다.

아이를 데리고 금강 하구로 갔다. 감동하는 모습을 기대했는데 아이의 반응은 내 예상과 사뭇 달랐다. 아이는 두려움에 떨었다. 가창오리들이 집단 비행을 할 때 내는 소리 때문이었다. 마치 태풍이 나무와 갈대를 사정없이 할퀴는 소리 같다고 했다. 그 소리는 짙은 회색, 곧 무슨 일인가 벌어질 것만 같은 느낌을 불러일으켰다고 했다. 그래서 무서웠단다. 나는 그저 가창오리의 춤이 멋지다고만 생각했을 뿐, 소리는 신경조차 쓰지 못했는데……. 아이에게 무척 미안한 마음이 들었다. 한편으로 눈앞에 펼쳐진 그 광경을 나처럼 눈으로만 보는 것이 아니라 소리로도 보는 아이가 조금은 부러웠다. 내게도 그런 때가 있었던가.

해녀의 힘겨운 숨비소리 색깔은?

제주의 시골집을 방문할 때면 빠짐없이 아이와 함께 가까운 세화 바다를 찾는다. 백사장이 드넓고 바닷물이 맑은 데다 파도가 세지 않아서 아이와 놀기에 그만이다. 그런데 모래놀이도 하고 수영도 하면서 정신없이 놀다 보면 어디선가 가늘고 긴 휘파람 소리가 들려온다. 잠수 작업을 하던 해녀들이 수면 위로 올라와서 내는 '숨비소리'다. 폐 속의 공기를 완전히 비우기 위해서 크게 내뱉는 숨이 휘파람 소리처럼 들리는 것이다. 해녀들의 작업은 '저승에서 벌어서 이승에서 쓴다'고 할 정도로 고되다. 아이의 할머니, 그러니까 내 어머니도 처녀 적에 해녀였다. 간혹 한 번씩 당시 이야기를 할 때면 고개를 좌우로 흔들면서 "여자로 나서 물질을 하느니, 소로 나는 게 낫다"고 하실 정도다.
아이는 숨비소리를 아주 좋아했다. 숨비소리가 들리는 방향에서 연한 보라색 바람이 불어온다고 했다.
보라색은 아이가 가장 사랑하는
색깔이었다. 솔직히 아이가 그
소리를 그렇게 받아들이는 게
의아했다.
"소리가 슬프지 않니?"
"아니요. 즐겁고 예뻐요."
"그래도 해녀들이 힘들어서 내는 소리
같은데?"
아이가 속상한 표정을 지으며 말했다.
"그러면 제가 보는 색깔을 거짓말로
말해야 하나요?"

물속에서 작업하던
해녀들은 물 위로
올라오며 휘파람 같은
숨비소리를 낸다.

내 말이 아이에게는 '네가 잘못된 느낌을 받고 있다'는 평가와
압박으로 다가왔던 모양이었다. 실제로 얼마쯤은 그런 의도에서
한 말이기도 했다. 아이의 반응에 화들짝 놀라 "단지 내 생각일
뿐"이라는 말을 여러 차례 반복하며 서둘러 상황을 수습했다.
그러고 나서 곰곰 생각해보았다.
'숨비소리는 정말 슬픈가? 아마 나는 해녀의 힘든 삶을 누구보다 잘
알기에 그 소리마저도 슬프게 들었던 것 아닐까? 어쩌면 새 숨을
넣기 위해 숨통에 남은 모든 숨의 찌꺼기를 게워내는 그 순간의
소리야말로 아이의 느낌처럼 생명의 기운으로 가득한 즐겁고 예쁜
소리가 아닐까?'
당신의 생각은 어떨지 궁금하다. 제주 바다에서 해녀를 만나게
되거든 그 숨비소리에 가만히 귀를 기울여보자.

말을 배우는 데는 2년이 걸리지만,
침묵을 배우는 데는 평생이 걸린다.
- 어니스트 헤밍웨이

쉿, 여긴
침묵의 숲이야

"난 요즘 마릴라 아줌마가 된 기분이에요. 친구 얘기, 엉뚱한 공상 얘기, 내 일에 참견하는 얘기……. 어휴, 애가 끊임없이 조잘조잘하는 게 영락없는 빨간 머리 앤이라니까요. 그 얘기를 듣고 있자면 어떤 때는 기운이 남김없이 빠져나가는 기분이 들곤 해요."
어느 날 아내가 말했다. 주근깨 빼빼 마른 빨간 머리 앤, 혹시 기억하는지? 앤은 엄청난 수다쟁이에다가 상상력이 풍부한 사랑스러운 소녀다. 고아인 앤은 우여곡절 끝에 과묵하고 검소한 마릴라 아줌마네로 입양이 된다. 자신이 꼭 마릴라 아줌마 같다고

침묵 따위는 아무 것도 아니라며 자신만만했던 아이.

생각하는 아내는 빨간 머리 앤의 광팬이다. 아이를 임신했을 당시 조산 우려 때문에 꼬박 4개월 동안 병원에 입원해서 누워 지내야 했는데, 아주 오래 전에 TV에서 했던 〈빨간 머리 앤〉을 태블릿 PC로 다시 보며 우울증을 극복했을 정도다. 우리 딸이 수다스러운 것이 〈빨간 머리 앤〉으로 태교를 했기 때문이 아닐까 하는 우스운 생각도 든다.

그러나 작품으로서 좋아하는 것과 현실에서 그런 아이를 만나는 것은 전혀 별개의 문제다. 아이와 지내다 보면 "제발 그 입 좀 다물어!"라는 말이 하루에도 몇 번씩 목구멍까지 올라온다. 물론 차마 그 말을 할 수는 없다. 매를 드는 것만이 폭력이 아님을 알기 때문이다. 매가 육체적 폭력이라면, 말로 협박하며 당사자가 원치 않는 침묵을 강요하는 것은 정신적 폭력이다. 부모 입장에서 보면 순간적으로 화가 나서 하는 일회성 경고에 지나지 않을지 모르지만, 말할 '기회'와 '자격'의 박탈을 아이들이 어떻게 받아들일까?

아이들은 존재로서의 상실감마저 느낄 수도 있다. 이 경우 아이들은 완전히 주눅이 들어 의기소침해지거나, 반대로 부모를 원망하며 더욱 반발하게 된다.
그런데 내 아이는 일곱 살이 저물던 어느 초겨울의 한나절을 꼬박 침묵해야 했다. 나는 그 곁에서 아이가 제대로 침묵하는지 사나운 매의 눈으로 감시했다. 아이는 결국 울음을 터트리고 말았다. 어찌 된 사정이었을까?

하루만이라도 말하지 않고 지낼 수 있을까

우리는 '침묵여행' 중이었다. 엄밀히 말하면 아이만 침묵하는 여행이었다. 의심의 눈초리로 바라볼 필요는 없다. 여기서의 침묵은 앞서 말한 '강제적 침묵'이 아니라 '자발적 침묵'인 까닭이다. 물론 숨은 의도야 있었다. 나는 이 여행을 통해 아이가 말의 소중함과 올바른 대화 자세의 필요성에 대해 조금이나마 깨닫게 되길 바랐다.
아이를 여행에 동참시키기 위해 그다지 애를 쓸 필요는 없었다. 다음과 같은 질문을 던지는 것으로 충분했다.
"사람들은 말을 하지 않고 얼마나 오랫동안 지낼 수 있을까? 그리고 말을 하지 않는다면 어떻게 생각을 전할 수 있을까?"
미끼를 덥석 문 아이는 일주일도 문제없이 지낼 수 있으며, 표정이나 손짓, 발짓, 몸짓으로 대화가 가능하다고 자신했다. 나는 그렇다면 단 하루만이라도 그럴 수 있는지 확인해보자고 제안했다. 아이는 좋다고 승낙을 했고, 이 괴상한 여행은 그렇게 시작되었다. 우리는 단풍 성수기가 끝나 호젓하기 짝이 없는 강원도 횡성의 청태산자연휴양림에서 1박 2일 동안 이 실험을 진행하기로 했다.

침묵여행의 규칙은 간단했다. 단 하나만 지키면 됐다. '절대 아무 말도 하지 않는다.'

아이는 검은색 테이프를 잘라 'X' 자로 붙인 하얀색 마스크를 착용했다. 말할 수 없는 처지라는 점을 이 여행 내내 잊지 말라는 의미였다. 가을을 떠나보내는 비가 추적추적 내리던 날이었다. 입실 시간에 맞춰 휴양림에 도착한 우리는 간단히 짐을 풀고 곧바로 실험을 개시했다. 나는 관찰일지를 쓰기 위해 수첩을 펼쳤다.

처음만 하더라도 아이에게는 이 또한 즐거운 놀이에 불과한 듯 보였다. 아주 신이 나 있었다. 다락으로 올라가는 나무계단 중간쯤에 걸터앉아 책을 읽던 아이는 물어볼 게 생겼는지 발뒤꿈치로 계단을 쿵쿵 구르며 신호를 보냈다. 나는 눈길도 주지 않다가 도무지 멈출 기색이 보이지 않기에 아이에게 다가가서 확실히 말해두었다.

"이야기를 할 때는 용무를 가진 사람이 움직이는 거야. 누군가를 오라 가라 불러선 안 돼. 알겠지?"

아이는 잘 알아들었는지 고개를 끄덕였다. 아이는 다락에서 놀아도 되는지를 물어보려 했다. 집게손가락으로 다락을 가리키며 두 발로 폴짝 뛰었다. 그러라고 했다. 그런데 내가 왜 그랬을까? 아이는 자신이 표현했듯 정말로 다락에서 폴짝폴짝 뛰면서 놀았다. 그럴 때마다 집이 쿵쿵 울렸다. 목조 주택이라서 우리가 묵는 곳뿐만 아니라 건물 전체에 충격이 전달됐다. 황급히 다락으로 올라가 아이를 제지했다. 다락에서 놀아도 상관없다고 허락했다가 이내 그만하라고 할 수밖에 없는 점을 조근조근 설명한 후 미안하다고 사과도 했다. 아이는 실망이 컸다. 그런 아이의 마음을 위로할 목적으로 숲 산책을 가자고 꼬드겼다. 어느새 비는 멎어 있었다.

서로의 눈을 보게 되다

우리는 숲으로 나갔다. 아이는 숲에서 자주 가슴을 치며 답답함을 호소했다. 산책하다가 만나게 되는 나무들의 이름도 알고 싶고, 그것에 둥지를 튼 새들의 이름도 알고 싶은데 그때마다 나를 부를 수 없으니 오죽했을까. 아이는 손짓 발짓 다 동원하다가 급기야는 나무 막대기를 주워 들고서 그림을 그려가면서 생각을 표현했다. 조금이라도 더 효율적으로 정확히 생각을 전달하기 위해 아이는 무던히 애를 썼다. 전혀 이해가 되지 않는 말을 입에서 나오는 대로 떠벌리던 어제의 아이가 아니었다. 이 과정에서 놀랄 만한 변화 한 가지가 눈에 띄었다. 대화를 할 때 서로의 눈을 보게 되었다는 점이었다. 아이는 자신의 표현을 이해하는지 내 눈을 보면서 확인했다. 그리고 내 말을 끝까지 듣고 나서 자신의 의견을 개진했다. 그러지 않고서는 소통이 되지 않았기 때문이다. 대화 하나하나가 참으로 귀하게 오갔다.

한참을 숲에서 놀던 우리는 해가 질 무렵이 되어서야 숙소로 돌아왔다. 그리고 잠시 쉴 겸 TV를 켰다. 가면을 쓰고서 노래 대결을 하는 프로그램이 방영 중이었다. 아이에게 혹시 농인들이 말하지 못할 뿐만 아니라 듣지도 못하는 것을 알고 있는지 물었다. 아이는 눈이 휘둥그레지며 고개를 가로저었다. 나는 농인들의 심정을 함께 느껴보는 의미에서 소리를 완전히 소거해보는 것은 어떠냐고 동의를 구했다. 아이는 두 손으로 동그라미를 그려 보였다. '목소리만으로 승부하는 편견과의 전쟁'을 우리는

아이는 의사를 전달하기 위해 그림, 손짓, 사진 등
할 수 있는 모든 수단을 이용했다. 그렇지만 쉬운 일은 아니었다.
겨우 자신의 의도대로 의사가 전달되기라도 하면
아이는 정말 기뻐했다.

자막만으로 보았다. 소리를 살려서 TV를 시청할 때는 몰랐는데, 소리를 없애자 평소 자막에 너무 크게 의존하고 있었다는 사실을 깨닫게 되었다. 자막은 결코 진실하게 상황을 설명하지 않았다. 감탄사와 자극적인 말이 난무했으며, 완전히 의도된 방향으로 시청자들을 이끌고 있었다. 노래를 들을 수 없음에도 자막이 시키는 대로 환호하며 감동하게 될 지경이었다. 그로 인한 거북함과는 별개로 노랫소리가 정말로 궁금하긴 했다. 얼마나 아름다운 음성과 선율이기에 그걸 듣는 관객들의 표정이 저리도 행복해 보일까? 아무것도 들을 수 없었던 우리는 진심으로 관객들이 부러웠다.

우리의 실험은 저녁 식사 후 함께한 보드게임 도중 잠시 중단되었다. 게임 중에 빨리빨리 의사를 전달하고 싶은데 맘처럼 안 되자 아이가 울음을 터뜨렸기 때문이다. 입이 봉인된 아이를 배려하면서 게임의 속도를 느리게 조절했어야 했는데, 생각이 부족했다. 사회적 약자에 대한 차별은 이렇게 부지불식간에 일어난다.

게임이 끝난 후 우리는 밤 10시가 다 되어 다락방으로 올라갔다. 그곳에 하늘로 뚫린 창이 하나 있었다. 그 아래 나란히 누웠다. 별을 보기 위해서였다. 그러나 달이 너무 밝아서 별이 거의 보이지 않았다. 우리는 달빛이 우련하게 비치는 천장을 무대 삼아서 그림자놀이를 했다. 그림자놀이에는 말이 필요치 않다. 그림자의 움직임과 모양으로 상황을 전하면 된다. 각자의 손을 이용해 아이는 토끼를 만들고 나는 그 토끼를 사냥하는 개를 만들었다. 평화롭게 놀던 토끼는 갑자기 나타난 개 때문에 화들짝 놀랐다. 축 늘어뜨렸던 귀를 쫑긋 세우더니 개가 슬며시 조금씩 다가가자

걸음아 날 살려라 줄행랑을 쳤다.
쫓고 쫓기는 추격전이 흥미진진하게
펼쳐졌다.
그렇게 재미있게 놀고 있는데, 달빛이
갑자기 사라졌다.
"달이 저물었나 보다. 그렇다면 이제 별의
시간이 열릴 거야."
하지만 웬걸. 달이 진 게 아니라 바람이
비구름을 몰고 와서 덮어버린 것이었다.
창밖을 보니 나무들이 격렬하게 춤을
추고 있었다. 얼마 지나지 않아서 '후드득' 빗방울 소리가 들리기
시작했다. 우리는 작은 빗방울들이 지붕을 때리며 들려주는 음악에
가만히 귀를 기울였다. 빗방울들은 이따금씩 여유롭게 지붕을
노크하다가 느닷없이 우르르 달려들어 사정없이 두드려대는 등
다채롭게 곡을 연주했다. 세차게 불어대는 바람이 객원 연주자로
찬조출연해서 긴장감을 불어넣는 등 곡의 분위기를 한껏
고조시켰다. 내 팔을 베고 누워 있던 아이는 그 연주를 자장가
삼아 새근새근 꿈나라로 빠져들었다. 굉장히 낯선 상황 속에서
이제까지와는 전혀 다른 방식으로 자신의 말을 하느라 무척
피곤했던 모양이었다. 그런 아이를 보니 대견스러운 한편으로
안쓰러웠다. 이쯤이면 이 실험을 종료해도 될 것 같았다. 나는
팔을 가슴 쪽으로 당겨 아이를 꼬옥 끌어안았다. 그리고 자고 있는
아이에게 나지막이 말했다.
"고생했다, 얘야."

보드게임 중 답답함에
그만 울어버린 아이.

말 없이도 소통이 가능했던 그림자놀이.

곤히 자는 아이가 듣지는 못했겠지만, 내 마음만은 맞닿은 가슴에서 가슴으로 충분히 전해졌으리라.

말의 무게가 달라졌다

이튿날 아이는 말을 할 수 있게 되자 마법에서 풀린 신데렐라처럼 예의 그 수다쟁이의 옷을 다시 입었다. 하지만 전날 그랬던 것처럼 할 이야기가 생기면 꼭 앞에 와서 얼굴을 마주한 상태로 했고, 상대방의 말이 끝날 때까지 기다렸다. 말의 무게도 달라졌다. 꼭 필요한 말을 알아듣기 쉽게 했다. 대화의 기본 예의를 누가 교육하지 않아도 터득하게 된 것이었다.

여행에서 돌아온 후, 아이는 농인과 수화에 대해 궁금해했다. 나는 그 개념을 이해하기 쉽도록 말해주었다. 아이를 위해 수화 교습서도 한 권 구입했다.
사람들은 보통 보지 못하는 것은 대단히 불행하게 여기면서도, 듣지 못하는 것은 대수롭지 않게 생각하는 경향이 있다. 하지만 인생에서 듣지 못하는 것은 보지 못하는 것 이상으로 큰 영향을 미친다. 선천적인 농인은 특별한 조치가 취해지지 않는 이상 대여섯 살 때까지 겨우 50~60개 단어밖에 배우지 못하는 반면, 귀가 들리는 아이들은 평균적으로 3,000개 단어를 습득한다[9]고 한다. 한번 벌어진 차이는 줄어들기보다 갈수록 커진다. 세상과의 교류는 언어를 통해서 이루어지는 법이다. 그런데 이처럼 언어적으로 취약한 농인들은 세상에서 소외되어 자신의 지적 능력과 무관하게 바보 취급을 당해왔다. 이 같은 사정을 이야기해주자 아이는 자기 일인 것처럼 안타까워하고 가슴 아파 했다. 동시에 자신이 듣고 말할 수 있다는 점을 정말로 감사하게 여겼다.

침묵여행을 다녀오고 나서 몇 달 후, 아이로부터 깜짝 선물을 받았다. 아이는 내가 사준 책으로 혼자서 수화 표현을 익히며 관심이 일회적이지 않음을 보여주더니, 어느 날 인터넷에서 수화 노래를 배워서는 아내와 나를 앉혀두고 공연을 했다. 서툴기는 해도 그걸 준비하기까지 들였을 노력을 생각하니 기특하기 그지없었다.

"문득 외롭다고 느낄 땐 하늘을 봐요. 같은 태양 아래 있어요. 우린 하나예요. ……혼자선 이룰 수 없죠. 세상 무엇도. 마주 잡은 두 손으로 사랑을 키워요. 함께 있기에 아름다운 안개꽃처럼 서로를 곱게 감싸줘요. 모두 여기 모여……."

귀는 마음을 열어 자신의 존재를 내어주기 위한 것.
- 아메리카 인디언 격언

마음의 소리를 듣는 여행

아무하고나 눈만 마주쳐도 방긋, 바람에 낙엽 구르는 것만 봐도 까르르, 저물녘의 텅 빈 운동장에서 길어진 제 그림자를 쫓으며 와하하……. 딸아이를 바라보는 사람이라면 누구나 행복해했다. 그런데 아이는 일곱 살이 되면서 웃음이 조금씩 줄더니, 여덟 살이 되면서는 그 정도가 제법 심해졌다. 성장에 따른 자연스러운 변화라고 하기에는 너무 어렸다. 상상 못할 만큼 사춘기 연령대가 낮아졌다지만, 그렇다고는 해도 겨우 일고여덟 살짜리에게 그 시기가 왔을 리는 만무했다.

마음의 소리는 마치 소라껍데기에 들어 있는 바다의 소리 같다.
귀 기울여서 듣지 않으면 들리지 않는다.

"해맑게 웃는 얼굴을 되찾아주고 싶어요."
안타까운 마음에 아내가 말했다. 그러자면 무엇이 문제인지 알아야 했다. 아내와 나는 그 원인을 밝히려 몇 차례나 장시간 이야기를 나눴다. 사실 별 의미 없는 짓이었다. 머리에서 이 장면 저 장면 끄집어내어 수수께끼를 풀었지만 답과는 거리가 멀었다. 결국 아내가 제안했다.
"직접 들어보죠. 불러다 앉혀놓고 뜬금없이 묻는 건 그러니, 아빠랑 딸이랑 여행을 다녀오는 건 어때요? 가서 넌지시 물어보세요."
그래서 아이의 솔직한 마음을 알아보고자, 갓난아기인 둘째와 아내를 남겨두고 단둘이 떠났다. 마음의 소리를 듣기 위한 1박 2일의 여행. 때는 1월 하순이었고 하필이면 겨울 들어 가장 매서운 한파가 예보되어 있었다. 하지만 추위마저도 하나의 추억이 될 거라는 생각에 그대로 떠났다.

솔직히 화가 나는 게 있어요

우리는 춘천행 기차에 몸을 실었다. 이동 수단으로 기차를 선택한 데는 두 가지 이유가 있었다. 첫 번째는 기차를 타보고 싶다고 아주 노래를 불렀던 아이를 위해서였고, 두 번째는 자가용이 편하기는 해도 운전에 집중하다 보면 아이의 말을 놓칠 때가 많기 때문이었다. 이번 여행은 무언가를 하거나 보는 것보다 아이의 속얘기를 귀 기울여 듣는 게 목적이었다. 첫 기차 여행임을 감안할 때, 이용 시간이 너무 길면 아이가 힘들 수 있으므로 청량리에서 대략 1시간 거리의 춘천이 적당했다. 수십 년간 운행됐던 구닥다리 열차는 2012년 2월 2층짜리 신식 ITX 청춘열차로 바뀐 상태였다. 운이 좋게도 우리는 2층에 앉았다. 아이는 무척 들떠 있었다. 기차의 모든 게 신기한 아이는 한동안 객실 안 여기저기를 두리번거리며 재자거렸다. 추운 날씨가 괜스레 미안했던 나는 우는소리 한 번 안 한 아이가 기특해서 대단하다고 머리를 쓰다듬어주었다. 그리고 평소 아이가 잘 해왔던 것들도 한껏 칭찬해주었다. 학교에서 적응 잘하고, 모든 것에 열심히 참여하고, 즐겁게 놀고, 잠투정 안 하고, 다른 사람 배려할 줄 알고, 고운 말 바른 말 쓰고, 예의 바르고……. 물론 자주 존댓말 하는 걸 까먹고, 잘못한 일에 갖은 핑계를 대고, 옷을 아무 데나 벗어두던 아이의 모습은 일단 젖혀두고 말이다. 아이는 폭풍 칭찬에 굉장히 기분이 좋아졌다. 그 틈을 타서 진작부터 물어보고 싶었던 말을 꺼냈다.

"그런데 조금 걱정되는 게 있어. 너는 얼굴에서 웃음이 떠나지 않던 아이였는데, 언젠가부터 네게서 웃음이 줄어든 것 같더구나. 친구나 선생님하고 무슨 일이 있니? 가르쳐주면 안 될까?"
아이는 영문을 모르겠다는 표정으로 나를 바라보며 아무 일도 없다고 했다. 사회적 동물인 인간은 필연적으로 타인들과 다양한 관계를 맺는다. 그러므로 한 인간을 이해하려면 그 관계들이 어떤 식으로 형성되었는지 반드시 들여다봐야 한다. 아이도 마찬가지다. 당연히 아이를 둘러싼 관계의 그물망은 성길 수밖에 없다. 오랫동안 형제자매 없이 혼자였기 때문인지, 학교 가는 것을 단 하루도 즐거워하지 않는 날이 없던 아이였다. 학교에서의 관계가 별 탈 없다면 자연스럽게 집에서의 관계로 시선이 옮겨 온다. 많은 부모는 자녀와의 관계가 별문제 없다고 생각한다. 이러한 착각은 스스로의 잘못을 못 보게 만든다.
"그렇다면 혹시 엄마 아빠가 너를 서운하게 한 건 없을까? 엄마 아빠도 실수할 때가 있거든. 만약 그런 게 있다면 사과하려고."
나는 마음의 소리를 들을 준비가 됐음을 알렸다. 아이는 머뭇거리며 말했다.
"솔직히 화가 나는 게 있어요. 엄마 아빠는 항상 '넌 너야. 다른 사람과 비교할 필요 없어'라고 말은 하면서, 자주 비교하잖아요."
애가 대체 무슨 소리를 하나 처음에는 이해가 가지 않았다. 아이의 말을 가만히 들었다. 딱히 공부 스트레스를 준다고 생각한 적이 없었는데, 아이 생각은 다른 모양이었다. 아내와 나는 아이를 학원에 보내거나 학습지 교사를 붙이지 않는 대신 각자 특정 과목을 맡아서 공부를 봐주고 있다. 매일 조금씩 미리 정해놓은 분량만큼 공부를 하는데, 아이가 재미있어하고 진도도 그럭저럭

먼저 사과하고 다가설 때, 헝클어진 마음을 가지런히 빗질할 여지가 생긴다.

강추위에만 피는 소양호 서리꽃.

나가고 있어서 나 스스로가 잘하고 있다고 믿었다. 다만 내 기준에 아이가 산만한 면이 다소 있어서, 가끔 집중력이 뛰어난 사촌들을 본받으라는 이야기를 하기는 했었다. 언니 오빠가 집중해서 공부한 결과 영어도 아주 잘하고, 수학 역시 국제대회에서 입상까지 했노라는 이야기들이었다. 그걸 아이는 비교한다고 느낀 것이었다. 하기야 "우린 너한테 스트레스를 주지 않으려고 학원을 안 보내는 거야"라고 선심 쓰듯이 말해왔지만, 솔직히 집에서 하는 공부라고 스트레스를 주지 않았을 리 없다. 오히려 학원 도움 없이 스스로 문제를 해결하는 능력을 키우고 공부하는 습관을 잡아주고 싶다는 마음에 초등학교 저학년인 아이에게 더 많은 스트레스를 주고 있었을지도 모른다. 게다가 문제를 풀기 위해 고민하고 애쓰는 모습을 격려하기보다 당연시하고, 내 기준에 부족해 보이는 학습 태도나 습관만 크게 부각해서 혼낸 적이 많았다. 사촌들을 끌어들여 경쟁 심리를 살짝 '자극'하고 싶었는데, 아이가 말했듯 그건 '비교'에 지나지 않았다.

아이가 비교당하고 있다고 느낀 건 그뿐만이 아니었다.

아이는 1학년 때 만화책에 푹 빠져 살았다. 학습만화책과 일본 아이돌 만화책 등 만화책이라면 종류를 가리지 않았다. 그래도 학습만화책은 괜찮지 않으냐고 생각할 수 있는데, 아이는 지식이 될 만한 것들은 건너뛰고 이야기 자체만 즐기는 듯 보였다. 다른 책은 거들떠도 보지 않았다. 그 모습에 화가 나서 "도서관에 갔는데 네 또래의 어떤 아이는 그림이 없고 글밥이 많은 책을 잘만 읽더라"라고 꾸중하며 만화책 금지령을 내렸다. "다른 사람과 비교할 필요가 없다"는 말을 입버릇처럼 해왔으면서. 아이가 이에 대해 언급했을 때 정말로 부끄러웠다.
아이의 이야기는 이어졌다. 이번에는 내게 실망한 게 있다고 했다. 거짓말쟁이란다.
"아빠는 약속을 잘 지키지 않잖아요. 원고만 마감하고 함께 놀자면서 미루고 또 미루기를 반복하잖아요."
여러 매체에 여행 원고를 기고하는 나는 사실 담당자들에게 좋은 사람이 아니다. 걸핏하면 마감 시한을 넘긴다. 언제까지 끝내겠노라 다짐은 잘만 한다. 매일 출근하고 밤늦게 퇴근하는 많은 아빠들에 비하면 아이와 지내는 시간이 더 많기는 하다. 그러나 한편으로는 평일과 주말 가릴 것 없이 마감 핑계를 대며 아이에게 온전한 시간을 내주지 못했다. 마감 때만 되면 아빠의 방은 결코 열어서는 안 되는 〈겨울왕국〉 속 엘사 공주의 방이 된다. 아이는 함께 놀고 싶은 마음에 안나 공주처럼 아빠의 방문을 노크하며 말한다.
"나랑 같이 자전거 탈래요?"
"지금은 안 되는 걸 알잖니."
"꼭 자전거가 아니어도 좋아요."
아이가 내 방문을 노크할 때면 어떤 마음이었을까? 쥐구멍이라도 들어가고 싶을 정도로 창피하고 미안했다. 아이가 이야기를 꺼낼 때마다 내 반성문의 길이가 늘어났다.
대화를 나누는 동안 기차는 어느덧 종착지인 춘천역에 도착했다. 기차 탑승 시간은 1시간에 불과했지만, 그 기차를 타기 위해서 마을버스와 전철로 이동한 시간이 무려 2시간 가까이 됐던 탓에 몸이 무거웠다. 우리는 미리 잡아두었던 숙소로 이동했다. 아이는 피곤했는지, 저녁 식사를 마치고 그대로 곯아떨어졌다. 조금 더 아이의 속 깊은 이야기를 듣고 싶었지만 어쩔 수 없었다.

이튿날 우리는 동이 트기도 전에 일어났다. 수은주는 영하 17도를 가리키고 있었다. 세상을 다 얼려버릴 듯한 추위였다. 우리는 마치 양파처럼 여러 겹의 옷으로 몸을 꽁꽁 싸맨 후, 택시를 타고 소양5교로 갔다. 서리꽃을 보기 위해서였다. 겨울이면 차가운 대기가 상대적으로 따뜻한 소양강의 수면과 만나 풀풀 안개를 만들어낸다. 그 안개가 나무와 갈대에 엉겨 붙어 하얗게 꽃을 피운다. 추우면 추울수록 서리꽃은 더욱 만발한다. 그러나 반드시 그런 것만도 아니었다. 우리가 소양강을 찾았던 날 정도라면 서리꽃이 환상적으로 피었어야 하는데, 실제로는 그렇지 않았다. 서리가 앉지 않은 부분이 군데군데 보였다. 황홀한 날까지는 아니었다 하더라도 해오름 무렵은 충분히 특별했다. 해가 모습을 드러내며 하얀 서리꽃들을 황금빛으로 물들였다. 서리꽃은 해가 중천을 향해 걸음을 재촉하자 서서히 힘을 잃고 꿈처럼 흔적도 없이 녹아 없어졌다. 아이는 그 아침의 풍경을 자신의 사진기에 열심히 담았다. 장갑을 꼈음에도 불구하고 손이 시리다 못해 아프기까지 했다. 하지만 아이는 포기하지 않았다. 아이보다 카메라 배터리가 먼저 기권을 선언했다. 추위를 견디지 못하고 방전되어버린 것이었다.

가끔 프로크루스테스의 침대에 누워 있는 것 같아요

이날 우리는 철로자전거도 탔다. 폐역이 된 김유정역에서 강촌역까지 철로를 타고 가는 자전거였다. 평균 시속 10km의 속도를 낸다. 아이와 나는 나란히 앉아서 페달을 열심히 밟았다.

갈대밭과 터널을 지나고 강을 건넜다. 지독히 차가운 바람이 툭하면 달려들어 맨얼굴을 할퀴었다. 아이의 볼은 금세 빨개졌다. 그러나 아이는 마냥 즐거워했다.

철로자전거를 타며 남겨두었던 아이의 이야기를 이어서 들었다.

김유정역에서 강촌역으로 이어지는 철로자전거를 타고 우리는 많은 마음속 이야기를 나눴다.

"매일 아침 아빠가 나를 깨우며 팔다리 스트레칭을 해주잖아요. 그러면서 '나는 프로크루스테스다, 이 침대보다 네 몸이 짧으면 뽑아서 늘일 것이고, 길면 톱으로 자를 것이다' 하고 장난을 치잖아요. 그런데 어떤 때는 내가 진짜로 그 침대에 누워 있는 것 같다는 생각이 들어요."

재미있다고 생각해서 어릴 적부터 항상 하던 말이었는데, 아이는 간혹 내가 자기를 맘대로 하는 사람으로 느끼는 모양이었다. 아이가 커가면서 간섭하고 지시하는 게 많아지다 보니 아이의 입장에서는 충분히 그럴 수도 있을 것 같았다. 아이는 요즘 들어 속상한 일이 생겼다고도 했다. 지난해 늦여름, 일곱 살 터울의 동생이 태어났는데, 엄마 아빠의 관심이 온통 그쪽으로만 가 있다는 것이었다.

"동생에게는 얼굴 보기만 하면 뽀뽀를 막 해주면서 이제 나한테는 왜 그러지 않아요? 내가 해주라고 말하기 전에 딱딱 알아서 해줘야지. 아침에 눈 뜰 때! 학교에 갈 때! 학교에서 돌아왔을 때! 밤에 자러 들어갈 때!"

제 딴에는 심각한 얘기였지만, 나는 분위기도 모르고 그만 크게 웃고 말았다. 아이는 정색을 하면서 쳐다보았다. 웃음을 갑자기 멈추느라 딸꾹질이 나왔다. 그런 나를 보며 이번에는 아이가 크게 웃었다. 생각해보면 어릴 적부터 녀석에게 자주 뽀뽀를 해주었는데, 동생이 태어난 후 소홀해진 건 사실이었다. 아빠의 사랑이 한가득 느껴지던 뽀뽀를 동생에게 빼앗겼다는 생각이 들 만했다. 얼마나 서운했을까? 나는 사랑스러운 아이의 어깨를 감싸 안으며 진심으로 사과했다.

"일부러 그러려고 한 건 아닌데, 힘들게 하고 서운하게 한 것 모두모두 정말 미안하구나."

나는 사과에 그리 익숙한 사람이 아니다. 속으로는 미안해하면서도 입 밖으로 미안하다는 말을 잘 꺼내지 못한다. 멋쩍은 웃음으로 무마하거나, 의도와 달리 일어난 이상한 일로 넘기기 일쑤였다. 그런 내가 사과한다는 것은 진정으로 잘못을 인정한다는 뜻이다. 이를 잘 아는 아이가 말없이 씨익 웃어 보였다. 사과를 해줘서 고맙다는, 이제 괜찮으니 너무 염려 말라는 것이었으리라.

집에 돌아와서 나는 아이가 내게 했던 말들을 빠짐없이 아내에게 들려주었다. 아내의 표정이 어두웠다. 특히 자신이 프로크루스테스의 침대에 누워 있다고 생각한다는 점을 걱정했다.

"'아이가 행복한 사람이 되면 그뿐'이라고 하면서도 사실은 우리가 원하는 어떤 이상적인 틀에 계속 밀어 넣고 있었던 건 아닐까요? 아이를 위한다는 핑계로 아이가 하고 싶은 것은 못 하게 하고, 하기 싫은 것을 억지로 강요하진 않았을까요? 자신이 진정 원해서가 아니라 우리 기대에 맞추기 위해 노력하는 아이가 과연

아이가 복선화로 폐역된 김유정역 쉼터에서 '엄마, 잘못했어요'라는 푯말을 들고 있다.
사실은 거꾸로 아내와 내가 아이에게 해야 할 말이었다. "얘야, 잘못했다."

행복할까요?"

아내의 이야기는 계속 이어졌다.

"현실적으로 와 닿지도 않을 목표와 미래를 강조하면서 아이에게서 오늘의 행복을 빼앗지는 말았으면 해요. 공부보다 아이가 놀 시간을 더 만들어주고 싶어요. 앞으로 아이가 공부할 시간이야 얼마든지 많지만, 뛰어놀 수 있는 시간은 그리 많지 않잖아요. 아이는 정말로 금방 커버릴 테니까요."

틀린 말이 하나도 없었다. 아이가 내게 하고자 했던 말이기도 했을 것이다. 그래서 아내와 나는 예전처럼 아이가 늘 해맑게 웃는 얼굴로 돌아오길 바라며 조금 더 우리의 욕심을 내려놓기로 했다. 사랑은 요구하는 것이 아니라 귀를 기울이는 것이므로.

1. 소리사냥을 떠나자

여행 목적은? 수동적인 듣기가 아닌 능동적인 듣기가 주는 즐거움과 중요성 깨닫기.

어떻게 할까? 무슨 소리든 사냥이 가능하다. 다만 너무 간단히 주변에서 녹음할 수 있는 소리보다 시간과 공을 들여야 하는 것들이 더 낫다. 어렵게 얻을수록 성취감이 크기 때문이다.

어디로 갈까?

[본문 여행 중] 제주도 성산 지역 암반조간대의 조수 웅덩이, 서천의 신성리 갈대밭, 전남 장흥의 동백숲, 헌 · 인릉의 산책로에 있는 오리나무숲길

필요한 것은? 녹음기와 비지향성 마이크를 반드시 준비할 필요는 없다. 요즘은 휴대폰 녹음기도 성능이 괜찮다.

2. 소리의 색깔을 듣다

여행 목적은? 색깔의 감성을 연상시키는 인상적인 소리 찾기. 인간은 기본적으로 소리에서 감성을 읽도록 훈련된 존재다. 음악을 들으며 기뻐하고 슬퍼하는 게 그 증거다. 아이들을 다양한 소리로 가득한 자연으로 데려가는 일은 아이들의 잠자는 감성을 깨우고 성장시키는 일이라고 할 수 있다.

어디로 갈까? 거제 학동 해변의 몽돌이 파도의 간질임에 자지러지는 소리, 진도 울돌목을 지나는 거센 물소리, 늦은 밤 횡성 숲체원 나무데크에 누워 듣던 풀벌레 소리, 시력을 거의 잃은 주문진 철갑령 노인의 눈이 되어주던 늙은 소의 워낭 소리 등도 아이에게 특별한 감성을 불러일으킨 소리였다.

[본문 여행 중] 부석사의 불전 사물(법고, 목어, 운판, 범종) 소리, 이천 세라피아에서 본 소리나무 풍경의 소리, 금강 하구에서 만난 가창오리의 군무 소리, 제주 해녀의 숨비소리

필요한 것은? 필요한 건 "저 소리에서 어떤 색깔이 떠올라?"라는 단순한 질문. 결코 하지 말아야 할 건 아이가 느끼는 감성을 자신의 잣대로 평가하고 따지는 일.

3. 쉿, 여긴 침묵의 숲이야

여행 목적은? 말하기에 앞서 듣는 것의 중요성과 말하고 듣는 것의 고마움 깨닫기.

어디로 갈까? 굳이 집을 떠나지 않더라도 할 수 있는 실험이지만, 가능하면 익숙하지 않은 어딘가에서 실험을 해보자. 듣지 못하고 말하지 못하는 사람들의 심정을 더 효과적으로 이해할 수 있기 때문이다. 완벽히 낯선 곳에서 아무에게도 의지할 수 없다는 불안감이 그것이다.

[본문 여행 중] 단풍 성수기가 끝나 호젓하기 짝이 없는 강원도 횡성의 청태산자연휴양림

어떻게 할까? 장난처럼 웃으며 시작하지만 결코 지키기 쉽지 않은

게 침묵하기다. 그러나 침묵의 의미를 제대로 가르쳐주고 싶다면 엄격하게 실험을 진행해보자.

4. 마음의 소리를 듣는 여행

여행 목적은? 마음의 소리에 귀를 기울임으로써 아이를 진정으로 이해하는 것.

어떻게 할까? 마음의 소리를 듣기 위해선 들을 준비가 되어 있어야 한다. 자기반성만이 그걸 가능하게 한다. 나는 문제없다고만 하면 상대의 잘못을 따지고 추궁하는 것밖에 안 된다. 그런 사람에게 마음의 소리를 들려줄 리 만무하다. "이러저러한 점이 너에게 상처를 준 것 같은데 미안하다"고 먼저 진정성 있게 사과하면, 훨씬 부드러워진 아이가 자연스럽게 속내를 꺼내기 시작한다.

같은 경험을 공유하지 않은 상대방에게
특정 냄새를 제대로 설명하기란 결코 쉽지 않다.
이런 까닭에 시각과 청각에 비해 후각은 가장 못 믿을 것으로 취급된다.
하지만 사람의 기억 속에서 냄새만큼 힘센 것이 또 있을까?
아이와 나는 차곡차곡 우리의 추억 상자에 담을 냄새들을 모았다.
그것으로 달력도 그렸고, 심지어 직접 향수를 만들기도 했다.

냄새를
맡는다는
것

향기는 내게 어디로든 갈 수 있는 날개를 달아준다.
- 셀리아 리틀턴, 『지상의 향수, 천상의 향기』

향기를 모으다, 추억이 쌓이다

한파 경보로 꼼짝없이 집에 묶여 있어야 했던 어느 겨울날. 우리는 좀이 쑤셔서 미칠 지경이었다. 겨울은 눈 덕분에 즐겁지만, 바깥 활동을 하기가 아무래도 부담이 되는 계절이다. 차라리 하늘이 푸르지를 말든가, 햇빛이 찬란하지를 말든가. 평소보다 더욱 말끔한 풍경이 추위가 무서워서 감히 밖으로 나가지 못하는 우리를 괴롭혔다.
무료함을 달래줄 건수가 없나 궁리를 하다가 문득 그간 채집한 향기들이 떠올랐다. 우리는 그걸 다 열어보기로 했다. 그래서

여기저기 흩어져 있는 향기들을 찾아서 바닥에 늘어놓았다. 그 작업은 매우 조심스러웠다. 실수로 깨뜨리기라도 하는 날에는 향기가 산산이 흩어져 흔적조차 없이 사라져버리기 때문이었다. 찬찬히 세어보니 향기는 모두 31개. 지난 3년 동안의 결과물이었다. 가끔 하나씩 꺼내본 적은 있어도 그처럼 빠짐없이 한데 모아서 보기는 처음이었다.
우리는 여행을 할 때, 단지 눈으로 보거나 귀로 듣는 것에 그치지 않고 그곳의 향기에도 주목했다. 특별한 향기를 지닌 꽃이나 풀, 이파리, 열매 따위를 보면 그것들을 가져와서 유리병에 담았다. 유리병은 대부분 재활용품이었다. 잼, 스파게티 소스, 탄산수 병 등을 깨끗이 씻은 후 팔팔 끓는 물로 소독했다. 기존 내용물의 향기를 완전히 빼기 위해 그 작업을 서너 번까지 반복해야 했던 경우도 있었다. 그래도 소용없을 땐 탈취 효과가 강력한 베이킹소다를 뿌려서 오래 두었다. 그러면 만족할 만한 효과를 얻을 수 있었다. 유리병 외에 우리는 제습제도 준비했다. 껌이나 김, 과자 등에 들어 있던 실리카겔을 버리지 않고 두었다가 요긴하게 썼다.

세상에 향기를 지니지 않은 것은 없다

31개의 유리병 속에는 아무런 향기가 없을 거라고 여겨지는 것들도 담겨 있었다. 조개껍질, 백작약 씨앗, 목화솜 등이 거기 해당한다. 하지만 세상에 향기를 지니지 않은 것이란 없다. 향기는 어느 곳에나 있다. 심지어 시간에도 저만의 향기가 있다. 찬 새벽, 따스한 아침, 뜨거운 한낮, 시원한 저녁, 서늘한 밤의 향기가 전부 다르다. 무색무취하다는 물 또한 처음 비로 내릴 때는 향기를 지니고 있다.

햇빛도 향기가 있다. 나는 장마철 하염없이 내리는 비의 향기를 사랑했으며, 아이는 바싹 마른 빨래에서 풍기는 햇빛의 향기를 사랑했다. 아이는 특히 갓 걷은 따스한 이불 빨래에 파묻혀서 햇빛 향기 맡기를 좋아했다. 우리가 유리병에 담은 조개껍질에는 바다의 향기가, 백작약 씨앗에는 그 꽃이 만발했던 울밑의 향기가, 목화솜에는 채 피지 않은 다래의 향기가 있었다. 다른 이들이 뭐라고 하든 적어도 우리는 그렇게 느꼈다.

만약 이 글을 읽은 누군가가 우리처럼 향기 채집에 나선다면 그것이 정답을 찾는 시험이 아님을 명심해야 한다. 아이가 영 엉뚱한 것만 골라 유리병에 넣더라도 절대 이해할 수 없다는 표정을 지어서는 안 된다. 그저 '아, 우리 아이가 저걸 특별하게 여기는구나'라고 생각하며 나름의 이유를 파악해보려 노력해야 한다. 정 궁금할 땐 물어보면 된다. "거기에서는 어떤 향기가 나니?"라고 말이다. 그러면 아이가 자신을 둘러싼 환상적인 향기의 세계로 기꺼이 초대할 것이다.

향기 채집이 끝나면 우리는 그 병에 채집일과 장소를 적어두었다. 우리에게 향기를 채집한다는 것은 두 가지 의미가 있었다. 하나는 두고두고 맡고 싶은 향기를 붙잡는다는 의미, 다른 하나는 당시의 기억을 잊지 않겠다는 의미다. 이처럼 소중한 향기를 우리는 마치 그 대상의 영혼처럼 소중히 다뤘다. 채집과 이동 시에 대상물이 흠집 나지 않도록 각별히 신경을 썼고, 집으로 가져와서는 종류에 따라 잘라서 껍질을 벗기거나, 거꾸로 매달아 말리거나, 물에 담가 오염된 부위를 씻는 등의 후처리를 거친 후 유리병에 보관했다.

아이와 함께 채집한 향기들은 추억의 다른 이름이나 마찬가지다.
향기를 보관할 때는 유리병 바닥이나 뚜껑에 채집 대상의 이름과 채집일, 채집 장소 등을 기록해, 추억에 혼동이 오지 않도록 했다.

향기는 추억의 다른 이름이다

축제가 막 끝난 들판에서
채취한 국화꽃.

31개의 향기 중에서 아이가 특별히 기억에 남는다고 꼽은 것으로는 국화꽃, 아까시꽃, 칡꽃, 댕유지, 상산나무 잎, 계수나무 잎, 비목나무 잎, 목화 등이 있다.
국화꽃은 전라남도 화순군 춘양면의 고인돌공원 앞에서 채집했다. 국화꽃축제가 막 끝난 후였다. 형형색색의 국화꽃이 만발한 들판을 산책하노라니 축제 관계자가 얼마든지 따 가도 좋다며 비닐까지 내주었다. 횡재한 우리는 꽃송이를 비닐 가득 채웠다. 그리고 집에 돌아와서는 바람이 잘 드는 응달에 돗자리를 깐 후 펼쳐 널어서 수분을 완전히 증발시켰다. 그렇게 말린 국화꽃 중 절반가량은 찻물 위에서 다시 폈다. 찻잔에 뜨거운 물을 부은 후 국화꽃 두세 송이를 띄우면 마치 살아 있는 꽃처럼 향기가 방 안에 퍼졌다.
아까시꽃은 경기도 군포시 속달동 수리산 기슭에서 채집했다. 쑥을 캐러 갔다가 그만 아까시꽃에 마음을 홀라당 빼앗기고 말았다. 아까시나무는 흔히 아카시아나무라고 잘못 알고 있는 수종이다. 아카시아나무는 열대·아열대 기후에서 자라는 나무이고, 아까시나무는 5월이면 포도송이처럼 주렁주렁 꽃을 피워 달콤한 향기를 뿜는, 우리 주변에 흔한 나무다. 아까시나무는 19세기 말 미국에서 들어왔다. 이 나무만 보면 불쌍한 생각이 든다. 왜냐하면 토양을 산성화하고 다른 나무를 죽인다는 오해를 사서 말 못 할 핍박을 받아왔기 때문이다. 척박한 토양에서도 워낙 잘 자라기 때문에 그 같은 오해를 샀다. 그러나 아까시나무야말로 우리의 산을 비옥하게 만들어준 일등공신이다. 한국전쟁과 산업화 등으로 온 국토의 산이 벌거숭이가 되다시피 했을 때, 아까시나무가 황폐해진 토양에 영양을 공급하고, 뿌리로 흙을 꽉 붙잡아서 산이 무너지지 않도록 도움을 줬다. 게다가 꽃은 더없이 향기롭고 꿀이 풍부해서 농가 소득 창출에도 크게 기여했다. 새하얀 아까시꽃은 바싹 말리자 누렇게 변색이 됐다. 하지만 향기는 변하지도 사라지지도 않았다. 유리병 뚜껑을 열고 살살 흔들면 얇은 종잇장처럼 마른 꽃잎들이 서로 부딪히며 바스락거리는데, 그때 죽은 듯 잠자던 향기가 일제히 깨어나 벌과 나비를 불렀다.

칡꽃은 강원도 정선군 신동읍 거북마을 다녀오던 길에 채집했다. 자주색 꽃으로 굉장히 달콤한 향기를 냈다. 꽃과 함께 칡넝쿨도 걷어 왔는데, 아이는 그것을 가지고 친구들과 함께 기차놀이와 줄다리기 등을 하면서 재미있게 놀았다.

댕유지는 아이의 막내 고모부가 주었다. 설에 제주 시골집에 내려갔더니, 감기에 걸린 아이를 보고 차로 만들어 마시면 좋을 거라면서 몇 알을 선물했다. 중국 유자의 일종으로 보통 유자보다 월등히 크고 향도 아주 강했다. 그중 하나를 껍질째 원상태 그대로 두었더니 과육의 수분이 완전히 빠져나가고 그 향기가 껍질에 더욱 강하게 녹아들었다.

상산나무 잎은 제주도 조천읍 교래곶자왈의 것이었다. 비자나무, 소나무, 삼나무, 편백나무처럼 특유의 향기를 뿜는 종들이 있는데

딱히 뭔가를 채취하기 위해 떠나지는 않았다. 그곳을 기억할 만한 뭔가를 그저 채취했을 뿐. 아이는 마음에 꽂히는 게 있으면 그것을 채취하기 위해 덤불에도 서슴없이 들어갔다.

상산나무도 그중 하나였다. 박하 향기가 났다. 사탕 중에서 박하사탕을 가장 좋아하는 아이가 몇 장 따서는 주머니에 넣어 가져왔다. 나는 그 사실을 까마득히 모르고 있었다. 아이는 누구의 도움도 받지 않고 두꺼운 책을 꺼내어 책장 사이사이에 끼워서 상산나무 잎을 말렸다. 약 한 달 후, 그 나무의 이름조차 잊어버리고 있었던 내게 아이가 상산나무 잎을 유리병에 담아서 건넸다. 아이의 깜짝 선물에 나는 그날 하루 종일 기분이 좋았다.

계수나무 잎은 서울대학교 삼림욕장 견학을 다녀온 아이가 가져왔다. "푸른 하늘 은하수 하얀 쪽배에 계수나무 한 그루"의 그 계수나무가 맞다. 유감스럽게도 나는 계수나무를 실제로 본 적이 한 번도 없다. 아니면 보고도 몰라서 그냥 지나쳤을 수도 있다. 흔히들 식용 계피가 그 계수나무의 껍질로 알고 있는데 잘못된 상식이다. 껍질을 향신료로 쓰는 나무 또한 계수나무라고 부르기는 하는데, 본래 이름은 육계나무다. 잎이 두껍고 길며 뾰족하다. 반면 아이가 가져온 계수나무 잎은 얇고 하트 모양으로 생겼다. 아이가 계수나무 잎을 가져온 것은 역시 향기 때문이었다. 가만히 코를 가져다 대면 신기하게도 달콤한 캐러멜 향기가 났다. 아이는 그걸 내게 맡게 해줄 생각에 집으로 돌아오는 내내 즐거웠다고 했다.

아이가 계수나무 잎의 향기를 맡고 있다. 캐러멜 향기가 난다.

비목나무 잎은 전라남도 장흥군 천관산자연휴양림에서 채집했다. 가곡 '비목'에 등장하는 그 비목은 아니다. 가곡의 비목은 전쟁에서 사망한 군인의 관등성명을 적어서 비석 대신 임시로 박았던 나무토막이지만, 우리가 만난 비목은 녹나뭇과의 낙엽활엽수다. 은행나무처럼 암수딴그루로서 9월에 암그루에서 자그마한 붉은색 열매가 맺힌다. 그 열매에서 레몬 냄새가 난다. 나뭇잎도 비비자 그 같은 냄새가 났다.

목화솜은 경상북도 경주시 계림숲 앞에서 채집했다. 경주시에서 관상 및 체험용으로 심어놓은 것이었다. 제법 넓은 면적의 밭에 목화가 심어져 있었다. 우리는 목화밭을 산책하면서 다래를 얼마나 따 먹었는지 모른다. 다래는 달달한 맛 때문인지 향기도 달달하게 느껴졌다. 실은 풀 향기가 짙지만 말이다. 아이가 다래 향기를 담아두면 어떻겠냐고 물었을 때, 나는 그건 쉽지 않을 거라고 말했다. 먹을 수 있을 때의 다래는 촉촉한 솜이 뭉쳐 있는데, 그것을 말리겠다고 밀폐된 유리병에 넣으면 곰팡이가 피면서 썩어버릴 게 뻔하기 때문이었다. 그래서 아이에게 거의 다 익은 다래를 가져가자고 제안했다. 아이는 이해했다. 우리는 터지기 일보 직전의 다래를 골라서 땄다. 그리고 그릇에 담아서 아이의 책상 위에 두었다. 사흘째 되던 날, 드디어 다래가 팝콘처럼 하나둘씩 터지기 시작했다. 거기서 새하얀 솜이 모습을 드러냈다. 아이는 진짜 솜이 맞느냐며 직접 만져보고 당겨도 보았다. 아이는 아직 터지지 않은 다래 하나를 집어 들었다. 나는 묻지 않았다. 친구들에게 자랑하려고 챙겼을 게 뻔했다.

향기를 맡고 추억을 더듬는 것이 얼마나 재미있는 일인지 깨닫게 된 우리는 어느 순간 문득 특정 향기가 맡고 싶다거나 어떤 향기였는지 기억이 가물가물할 때 유리병의 뚜껑을 열어 그 향기를 확인하고는 했다. 그럴 때마다 향기의 강도는 확실히 조금씩 약해졌다. 어쩌면 그들 중 일부는 향기가 완전히 사라져버렸는지도 모른다. 그렇다 한들 상관없다. 유리병의 뚜껑을 여는 빈도만큼이나 짙어진 추억이 그 안에 쌓였다. 향기가 사라지더라도 우리는 추억을 꺼내면 그만이다. 향기는 추억의 다른 이름이니까.

향수란 본질에 가까워야 하는 것이다. 향수의 가치를 결정하는 것은 원료의 가짓수가 아니다.
- 장 폴 겔랑

세상 어디에도 없는 향수

“이른 아침의 파란 하늘은 어느 정도나 넣을까? 한 움큼? 두 움큼? 막 목욕을 마치고 나온 새하얀 뭉게구름도 넣고 싶다고 했지? 몇 조각이면 될까? 저물녘의 온화한 햇살은 세 가닥쯤 어때? 그렇지만 우듬지의 여린 잎을 간질이는 남실바람만큼은 빼기로 하자. 향기를 싣고서 날아가 버릴 수도 있잖아. 자, 이제 마지막으로 그걸 넣어야 할 텐데. 그래, 바로 그거.”
누가 보기라도 했다면 소꿉장난하는 줄 알았을 것이다. 뭐, 비슷하긴 하다. 그러나 우리는 사뭇 진지했다. 정말로 향기를

추출할 작정이었기 때문이다. 어설프지만 도구도 직접 고안했으며, 싱싱한 라벤더도 크게 한 다발 준비했다. 이 모든 것은 아이의 질문 하나에서 비롯되었다.

"향기만 쏙 빼서 담을 수는 없어요?"

여기저기서 채집한 꽃이나 나뭇잎 따위가 담긴 향기 유리병의 수를 하나씩 늘려가던 아이는 그게 못내 궁금했다. 그렇지만 향기 자체만을 분리해서 담는 것은 아주 전문적인 일로, 아무나 할 수 있는 게 아니었다. 그런데 나는 그걸 왜 "안 된다" 못 하고 "가능하다" 했을까? 그 원리나 방법을 전혀 알지 못하면서 말이다. 말에 책임은 져야 하겠기에 부랴부랴 공부에 들어갔다.

향기를 추출하는 방법으로는 세 가지가 있었다. 물에 넣고 끓이는 증류법, 향기가 잘 녹는 휘발성 용매에 넣고 약한 열을 가하는 추출법, 유리판 위에 정제된 기름을 바른 후 곱게 펴 붙여서 향기를 흡수하는 냉침법이 그것이다. 재료마다 성질이 다 달라서 어떤 것은 물에만 끓여도 향기 분리가 잘되지만, 어떤 것은 미지근한 용매로 어르고 달래야 한다. 또 어떤 것은 절대 열을 가하면 안 된다. 그 재료의 특성을 잘 이해해야 제대로 된 향기를 추출할 수 있는 것이다. 사람 세상이라고 다르지 않다. 아이의 성향은 고려하지 않고 성공한 남을 무턱대고 좇는 부모는 자기 아이만의 향기를 결코 살릴 수 없다.

라벤더 향기 추출하기

세 가지 향기 추출법 중에는 증류법이 그나마 만만했다. 그럼 증류법으로 어떤 것들의 향기를 뽑을 수 있을까? 고심을 하다가 우리는 '허브의 여왕'으로 불리는 라벤더를 목표로 삼았다. 아이가 라벤더 향기를 좋아하는 데다 성질이 까다롭지 않아서 다루기가 수월하다는 장점이 있었다.
강원도 고성군 간성읍에 라벤더를 대단위로 재배하는 곳이 있었다. 하늬라벤더팜이다. 해마다 6월이면 이곳은 보라색 라벤더꽃 물결로 뒤덮인다. 바람이라도 불라치면 마른 쑥 향과 비슷한 라벤더 특유의 향기가 밀려와서 복잡한 머리를 말끔히 비운다. 라벤더축제가 한창이었던 6월 중순의 어느 날 하늬라벤더팜을 찾았다. 축제 기간이라고는 해도 워낙 외진 곳이라 사람이 많지 않아서 한가했다. 우리는 이랑 사이를 거닐며 그 향에 취해도 보고, 벤치에 앉아 라벤더차를 마시며 휴식을 취하기도 했다. 이 농원에서는 라벤더 향기를 추출해서 각종 상품으로 만들어 판매한다. 증류실이 따로 있다. 라벤더 100kg을 넣으면 500~800ml의 에센셜오일이 나온다고 한다. 뜨거운 수증기를 쐬어 방향 성분을 녹여낸 후 냉각시켜서 일차적으로 플로럴워터를 뽑아내고, 그것을 다시 정제해서 라벤더 향기의 엑기스인 에센셜오일을 얻는다.
증류 과정을 지켜보면서 그 원리에 대한 설명도 자세히 듣고 나자, 머릿속에 생각해두었던 것을 장치로 구현하면 충분히 향기를 추출해낼 수 있을 것 같다는 막연한 자신감이 생겼다. 농원을 떠나는 길에 미리 얘기해두었던 라벤더 한 다발을 잊지 않고 챙겼다. 시들까 염려되어 살짝 덜 핀 라벤더로 부탁했었다. 집까지 자동차로 3시간 넘게 걸리는 데다 그날 당장 향기를 추출할 것이 아니었던 까닭이다. 라벤더는 집에 가져가서 화병에 꽂아두었더니 이틀째 되는 날 만개했다.

라벤더꽃 향기를 맡는 아이.
만개한 라벤더꽃. 허브의 여왕답게 진한 향기를 풍긴다.

우리의 증류 장치는 소줏고리에서 힌트를 얻었다. 소줏고리는 선조들이 막걸리처럼 알코올 도수가 낮은 약주를 가열해 순도 높은 증류주를 생산할 때 사용한 장치다. 소줏고리가 집에 있다면 이를 이용해 라벤더 향기를 손쉽게 추출할 수 있을 것이다. 그러나 소줏고리를 가지고 있는 집이 과연 얼마나 될까? 그래서 생각한 것이 소줏고리의 원리를 이용한 변형 찜 냄비였다. 이 장치를 만들기는 그다지 어렵지 않다. 찜기의 구멍을 덮을 유리 조각과, 냄비 뚜껑 손잡이를 빼낸 후 대신 끼울 뾰족하고 매끈한 물건 하나만 있으면 된다.

소줏고리를 보면 모래시계처럼 생겼다. '아래짝'은 솥의 역할을 하고, '위짝'은 정제된 술을 모으는 역할을 한다. 위짝에는 차가운 물을 담는 냉각수 그릇과, 정제된 소주가 나오는 귓대가 있다. 소줏고리는 물과 에탄올의 끓는점 차이를 이용하는 도구다. 낮은 도수의 술을 가열하면 물 성분보다 에탄올 성분이 먼저 끓으면서 그 증기가 위로 올라가다가 차가운 냉각수 그릇에 닿아서 액체로 변한 후 귓대를 통해 밖으로 나온다. 그렇게 분류된 액체가 바로 목을 태울 것처럼 뜨거운 독주다.

찜기를 이용할 때도 별반 다르지 않다. 우리는 아래짝 역할을 할 냄비에 이물질을 잘 떨어낸 라벤더를 작게 잘라서 넣고 잠길 듯 말 듯 물을 부었다. 우리는 이른 아침의 파란 하늘과, 막 목욕을 마치고 나온 새하얀 뭉게구름과, 저물녘의 온화한 햇살도 함께 넣었다. 이 과정이 끝난 후, '위짝' 역할을 할 찜기를 냄비에 올리고 그 중앙에 컵을 하나 놓았다. 라벤더 용액이 담기게 될 컵이었다.

찜기의 구멍에 유리 도막도 얹었다. 구멍만이 아니라 바닥도

찜 냄비를 이용한 증류 장치 만들기.
위부터 숭숭 뚫린 찜기 구멍에 유리 도막들을 올린 후 찜기 중앙에 엑기스를 받을 컵을 놓는다. 찜기를 덮을 냄비 뚜껑은 손잡이를 빼고 뾰족한 플러스펜 뚜껑을 거꾸로 꽂는다. 냄비 뚜껑에 맺힌 라벤더 엑기스가 플러스펜 뚜껑을 타고 컵에 떨어지게 하기 위한 것이다. 냄비 뚜껑은 뒤집어 덮고 그 위에 얼음을 수북이 올린다. 찜 냄비에는 잘게 썬 라벤더를 넣고 잠길락 말락 하게 물을 부어 끓인다.

완전히 덮을 수 있도록 충분히 올렸다. 유리 도막은 기체가 손쉽게 올라가는 것을 지연시킴으로써 기체의 온도를 낮추는 역할을 한다. 끓는점이 낮은 라벤더의 휘발성 기체들은 온도가 조금 낮아지더라도 그대로 위로 올라가지만, 수증기는 유리 도막을 통과하다가 다시 물로 변해 더 이상 올라가지 못한다. 즉, 이 유리 도막은 아무것도 아닌 것 같아 보이지만, 조금 더 순도 높은 라벤더 용액을 추출하는 데 아주 큰 역할을 한다. 우리는 쓸모없는 병을 깨뜨려서 그 조각을 사용했다.

찜기 뚜껑에는 손잡이를 제거한 후 사인펜 뚜껑(뾰족한 플러스펜 뚜껑이 제격이다)을 꽂았다. 액화된 라벤더 용액이 이것을 타고 찜기 중앙의 컵 안으로 떨어지게 하기 위해서였다. 찜기 뚜껑은 얼음을 담으려고 거꾸로 뒤집어서 닫았다. 짐작하다시피 얼음을 올린 찜기 뚜껑이 냉각기 역할을 해낸다. 유리 도막을 통과한 후 위로 올라온 라벤더 기체는 얼음이 담긴 차가운 찜기 뚜껑에 닿아 곧바로 액화되었다. 송글송글 액체로 변한 라벤더 용액이 찜기 뚜껑에서 미끄러져 내려오다가 사인펜 뚜껑에서 만나 컵 안으로 똑똑 떨어졌다.

우리의 수고와 애정이 고스란히 담긴 향기

나는 이 모든 것을 아이와 함께 진행했다. 아이는 쉬지 않고 질문을 쏟아냈다. 그때마다 쉽게 설명한다고 노력은 했지만, 효과적이었는지는 모르겠다. 아마도 아이가 이해하기에는 어려웠을 것이다. 다만 뜨거운 태양이 작열하는 바다에서 증류법으로 짠물을 정수해 마실 수 있다고 예를 들었을 때는 눈빛이 초롱초롱

빛났다. 생존이나 모험과 관련된 지식을 아이는 좋아했다. 아이의 우상은 정글을 헤매고 다니는 족장님이었다. 살아남기의 달인 말이다. 아이가 라벤더 향기 추출의 원리를 이해하지 못해도 조바심을 내거나 실망하지 않았다. 이것은 과학적 원리를 이용한 하나의 놀이지, 정확한 결과물을 이끌어내야만 하는 실험이 아닌 까닭이었다. 놀이에서조차 성과나 교훈을 찾으려다가는 아이들이 질식하고 만다. 아이가 순간을 사랑할 수 있도록 환경을 조성해주는 것으로 충분하다. 당장은 아이에게 아무런 도움도 되지 않는 것처럼 보이지만, 시간이 흘러서 언젠가 우리의 실험을 떠올릴 테고 그 경험이 든든한 자산이 될 것이기 때문이다.

한편, 라벤더를 넣고 끓일 때 불의 세기를 잘 조절해야 한다. 불을 너무 세게 하면 냄비의 온도가 급격하게 올라가서 수증기가 다량 발생하고 그로 인해 라벤더 용액에 수분이 과다하게 함유된다. 은근한 불로 끓여야 좋은 성과를 거둘 수 있다. 라벤더가 끓기 시작하면 온 집 안에 향기가 진동한다. 마치 다른 향기는 용납할 수 없다는 듯 맹렬하게 자신의 향기로 씌워버린다. 우리가 냄비에 넣고 끓인 라벤더는 300g쯤 되었다. 얻어 온 라벤더가 예상외로 많아서 일차로 조금만 사용했다. 그만큼의 라벤더로 우리는 약 20g의 라벤더 용액을 얻었다. 하늬라벤더팜에서는 같은 양의 라벤더로 1.5~2.4g 추출한다고 했다. 그 정도로 우리 라벤더 용액에는 수분이라는 불순물이 다량 포함됐다는 이야기다.

하늬라벤더팜의 것이 에센스라면 우리 것은 화장수 수준에 불과했다. 그러나 그게 어딘가. "시도의 에너지는 정지의 안정성보다 위대하다"[10]고, 1984년 퓰리처상을 수상한 미국의 시인

메리 올리버는 말했다. 아이가 향기만 따로 뽑아낼 수 있느냐고 물었을 때 "가능하다"고 답해놓고 솔직히 얼마나 막막했는지 모른다. 그에 비췄을 때 겨우 화장수 비슷한 정도로 향기를 뽑아낸 것만도 우리에게는 대단한 성과라고 할 수 있다. 만약 시도하지 않았다면 이런 결과조차 받아들지 못했을 것이다. 뭐든 하지 않으면 변하는 것은 없다. 말로는 모든 것을 할 수 있다. 하지만 정작 가질 수는 없다.

나는 향수를 애용하는데, 펜할리곤스의 엔디미온과 존 바바토스의 아티산 블랙을 좋아한다. 그것에 비하면 우리가 뽑아낸 라벤더 향기는 촌스럽기 그지없었다. 사실 시중의 향수는 각종 인공적인 향기를 저마다 비율로 배합한 것이다. 그들의 향기 제조법은 여전히 베일에 가려져 있다. 우리가 만든 것은 숨기고 말고 할 것이 없었다. 비록 수분이 많이 섞인 조악한 것이라고는 해도 라벤더 하나만으로 이루어진 순수한 향기였다. 우리의 수고와 애정이 고스란히 담긴 향기였다. 그래서 어떤 의미로 우리에게는 세상에서 가장 훌륭한 향수였다. 아이와 만든 첫 작품. 그 이름 '이가 없으면 잇몸으로 No.1'.

4월에는 금작화와 오렌지꽃,
5월이 되자 도시는 온통 장미의 물결로,
7월 말에는 재스민이 한창이었고,
8월에는 밤히아신스의 계절이었다.
- 파트리크 쥐스킨트, 『향수』

향기달력, 아이가 사랑한 열두 개의 향기

우리는 자연의 빛깔로 달력을 만들어나가는 동시에 향기로도 열두 달을 채워보자고 의기투합했다. 어차피 우리의 달력은 추억의 다른 이름이므로, 보이는 것만이 주인공이어야 할 이유가 전혀 없었다. 향기나 소리도 얼마든지 주인공이 될 수 있다. 경험의 대부분은 여러 감각이 어우러져 완성된다. 순수하게 본 것만으로 이루어진 경험은 거의 없다.

갯바람이 제법 부는 겨울 아침의 어느 활기찬 포구. 파도가 방파제를 세게 때린다. 밤샘 조업을 마친 고깃배들이 속속 포구로 들어온다. 그때마다 갈매기들이 달려들어 야단법석을 떤다. 어판장에서는 상인들이 경매를 기다리며 장작불이 이글거리는 드럼통 주변에 모여 있다. 드럼통 안에서는 고구마가 노릇노릇 익어간다. 그런데 이걸 어쩌지. 경매를 알리는 종소리가 날카롭게 퍼진다. 상인들이 입맛을 다시며 일제히 자리를 뜬다. 드럼통 안에서 고구마가 속절없이 탄다.
그럴 리야 없겠지만, 만약 포구의 향기와 소리가 거짓말처럼 순식간에 사라져버린다면 어떤 느낌일까? 바다의 짠내, 어판장의 비린내, 고구마 탄내, 파도 소리, 뱃고동 소리, 갈매기 울음소리, 경매인의 종소리……. 이 모든 것들이 증발된 포구는 대체 어떤 곳으로 기억될까?
이처럼 경험을 더욱 생생하게 만들어주는 재료 가운데 하나인 향기로 우리는 열두 달을 채웠다. 아이가 각 달에 가장 인상적으로 느꼈던 향기들이다. 그 작업을 하는 내내 얼마나 행복했는지 모른다. 그간 다녔던 장소를 하나씩 들춰가며 그곳에서 어떤 향기를 만났는지 떠올리노라면, 전혀 새로운 곳들을 여행하는 듯한 기분이 들었다. 그렇게 열두 개의 향기가 모였고, 아이만의 향기달력이 만들어졌다.

1월. 눈에 실려 떨어지는 알싸한 전나무 향기

겨울이면 전라북도 부안군 지역은 눈이 잦은 데다 한번 내렸다 하면 대설로 이어지는 경우가 많다. 아무래도 운전자들은 눈이라면 몸을 사리게 마련인데, 되레 우리는 부안에 눈 소식이 들리자 새벽같이 집을 나섰다. 사실 강원도 영동 지역과 전라북도 서해안

눈 쌓인 내소사 전나무숲길.

태백 구와우마을에서 만난 마른 풀덤불.

지역은 겨울철 눈과의 전쟁으로 이골이 난 곳들이다. 눈이 크게 내린다는 예보가 발효되면 타 지역의 제설 장비까지 총동원해 비상 대기를 한다. 덕분에 지독한 눈이 아니고서야 차량 통행에 심각한 지장을 받는 일이 거의 없다.

목적지로 삼은 곳은 부안의 내소사였다. 능가산 자락에 다소곳이 앉아 있는, 백제 무왕(633년) 시절 지어진 소박한 절이다. 이곳에는 사시사철 지지 않는 국화와 연꽃이 있다. 단청을 하지 않은 민낯으로 사람들을 편안히 맞는 대웅보전 문살에 새겨진 꽃들이다. 또한 내소사는 전나무숲길이 아름답다. 일주문까지 약 500m 이어진 길이다. 우리가 도착했을 때, 제설된 도로와 달리 아직 아무도 걷지 않은 전나무숲길에는 푹신하게 눈이 쌓여 있었다. 우리의 걸음이 그 길에 선명히 기록되었다. 문득 뒤돌아보았을 때, 눈 위에 찍힌 우리의 걸음은 어지러웠다. 앞으로만 곧게 향하지 않았다. 사람들은 목표가 세워지면 두리번거리지 말고 지체 없이 나아가라고들 한다. 하지만 숲에서는 다르다. 최대한 기웃거리고 최대한 멈춰야 한다. 그래야 숲이 내게 건네는 말을 들을 수 있다. 전나무숲길에서 게으름을 한껏 피우던 아이는 돌연 눈을 침대 삼아 벌러덩 드러누웠다. 그러고는 하늘을 올려다보며 코를 킁킁거리며 말했다.
"코를 뻥 뚫리게 해주는 이상한 향기가 눈에 묻어 있어요."
전나무의 피톤치드 향기였다. 찬 공기에 눌려 어디로도 날아가지 못한 그 향기가 숲에 가득했다. 아이는 그게 시리기도 하고 약간 맵기도 한 것처럼 느껴진다고 했다. 한마디로 알싸하다는 말이었다. 아이는 그 같은 느낌의 향기가 더해진 눈을 누운 자리에서 날름날름 받아먹었다. 아이는 눈이 아니라 약을 먹는 것이라고 했다. 부비동염으로 고생 중인 아이에게 내소사 전나무숲길의 향기는 최고의 명약이었다. 그러니 아이가 이 향기를 어찌 잊을까.

2월. 봄으로 건너가기 직전의 바싹 마른 풀덤불 향기

대개 살아 있는 것들은 한창때 가장 아름답고 향기도 좋은 법이다. 그러나 때로는 마지막에 이르러 보여주는 모습과 향기가 마음을 강하게 끌어당기기도 한다. 풀덤불 향기도 그중 하나일 것이다. 푸르던 풀덤불은 가을을 지나면서 퇴색이 되고, 겨울을 지나면서는 바싹 말라 바스러지기 일보 직전이 된다. 그때 풍기는 향기를 아이는 사랑했다.
강원도 태백시에 구와우마을이라고 있다. 여름이면 해바라기축제가 벌어지는 곳이다. 35번 국도를 타고 태백에서 삼척으로 넘어가는 길에 우리는 무엇에 이끌렸는지, 휑뎅그렁할 게 뻔한 그곳에 잠시 들른 적이 있었다. 한여름 북적였을 축제장에는 미라가 다 된 해바라기들이 겨우겨우 버티고 서 있었는데 을씨년스럽기까지 했다. 구름이 많은 흐린 날이었다. 그런데 구름의 삼엄한 경계를 뚫고 해가 잠시 모습을 드러내자 좀 전과는 전혀 다른 분위기로 변했다. 해바라기밭을 빈 공간 없이 메우다시피 한 강아지풀과 억새 따위가 햇빛에 부서지며 황금처럼 빛나는 것이었다. 우리는 그 풍경에 반해 한참을 그곳에 머물렀다. 2월도 중순을 넘어선 터라 바람이 조금은 온화해진 상태였다. 바람이 불 때마다 마른 풀 향기가 물씬 났다. 나는 그것이 어떻다고 특별히 생각해보지 않았는데, 아이는 흙먼지 향기와 닮았다고 했다. 조금 텁텁하지만 푸근해서 마음에 쏙 드는 향기라나. 뼈마디조차 말라버린 풀들은 바람이 불 때마다 저들끼리 부딪히며 무척 경쾌한 소리를 냈다. 그 과정에서 조금씩 부서져 흙으로 돌아갔다. 그러니 흙먼지 향기와 닮았다는 아이의 말은 전적으로 옳았다.

3월. 다른 꽃들을 깨우는 매화 향기

섬진강은 3월이면 튀튀한 색깔의 옷을 벗어 던지고 멋쟁이 모델이 되어 화사한 색깔의 옷으로 쉼 없이 갈아입는다. 가장 먼저 입는 것이 매화옷이다. 섬진강의 가장 남쪽 지역인 광양군 다압면 도사리 일대에는 청매실농원이라는 165,290m²(5만 평) 규모의 거대한 매화밭이 있다. 1930년대 조성된 매화밭이다. 청매실농원의 매화는 3월 중순경 절정을 맞는다. 그때면 마치 새하얀 구름이 깔려 있는 듯한 착각을 불러일으킨다. 그 구름 속에 있노라면 수만 그루의 나무에서 뿜어져 나오는 매화 향기에 현기증이 다 날 지경이지만,

아이는 마치 달콤한 사탕을 먹는 것 같다고 좋아했다.
우리가 그곳을 찾았을 때는 매화만이 전부가 아니었다. 매화가 먼저 봄의 시작을 알리자 뒤이어 산수유, 벚꽃, 목련까지 나와서 그야말로 꽃사태를 이루었다. 우리로서야 한 곳에서 그 많은 봄꽃을 보고 향기에 취할 수 있었으니 일단은 행복했지만, 지구온난화로 인해 꽃들의 개화 시기가 빨라졌고 피는 순서도 두서가 없어졌다는 속사정을 들여다보면 마냥 행복해할 수가 없다.

4월. 오동통 살 오른 멸치의 비릿하지만 고마운 향기

완연한 봄으로 접어든 4월의 볕 좋았던 어느 날, 우리는 경상남도 남해군을 대표하는 아름다운 항구 중 하나인 미조항에 있었다.
이맘때의 미조항은 멸치 덕분에 굉장히 활기를 띤다. 육질이 단단한 가을멸치와 달리 산란기의 봄멸치는 살이 부들부들해서, 국물 맛을 내는 데 쓰기보다 회를 무쳐 먹거나 액젓을 담근다. 봄멸치는 길이 10cm 이상의 대멸이고, 가을멸치는 길이 3~4cm의 소멸이다.
새벽부터 미조항은 간밤 연안 바다에 나가서 작업하고 돌아오는 멸치잡이 배들로 북적인다. 배들이 들어올 때면 갈매기들이 저희끼리 신나서 한바탕 난리를 친다. 그러나 당장 콩고물이 떨어지지는 않는다. 미조항에서는 보통 오전 10시께부터 그물에 걸린 멸치들을 떼어내는 작업을 한다. 이른바 '멸치 후리기'다.
대여섯 명이 나란히 서서 그물을 잡고 마치 한 몸처럼 멸치를 턴다. 멸치 후리기는 멀리서 보면 아무 일도 아닌 것 같아도 가까이서 보면 아무나 못 할 어려운 노동이다. 얼굴이며 머리며 온몸이 멸치의 잔해들로 도배가 되고 따가운 볕에 피부가 익다

광양 매화마을.

남해 미조항 멸치 후리기.

못해 새까맣게 타들어가도 쉬지 않고 손을 놀려야 한다. 이 작업을 할 때면 갈매기들은 그물에서 떨어져 나오는 멸치 살점을 주워 먹는다. 뻔뻔한 녀석들은 심지어 마구 달려들어 공중으로 튀어 오르는 온전한 멸치들을 낚아채기도 한다. 주위는 멸치 비린내가 진동한다. 그럼에도 불구하고 아이는 묵묵히 그 모습을 지켜보았다. 정말로 괜찮은가 궁금해서 물었더니 아이가 말했다.

"정말 힘들어 보여요. 그래서 냄새가 하나도 안 비려요."

어떻게 그게 비리지 않을까마는 아이가 앞으로 멸치뿐만 아니라 밥상에 오르는 모든 것들에 감사하는 마음을 가질 것만은 확실해 보였다.

5월. 벌들을 유혹하는 때죽나무꽃 향기

일당백이라는 말이 잘 어울리는 나무가 있다. 때죽나무다. 나무껍질에 때가 많아 때죽나무라고 불린다. 이 나무의 열매에는 적혈구를 파괴할 정도로 강한 독성 물질인 에고사포닌이 함유돼 있는데, 열매를 빻아 물에 풀면 물고기들이 떼로 죽는다고 해서 '떼죽나무'라고도 불렸다. 이 나무는 5월이면 종처럼 생긴 하얀 꽃을 주렁주렁 매달고 온 사방에 달달한 향기를 흩뿌린다. 그 향기가 어찌나 강한지, 50m는 떨어져 있어도 나무의 위치를 알 수 있을 정도다.

물영아리 정상의
때죽나무꽃.

5월 하순경, 아이와 제주도의 물영아리오름을 찾았을 때 그곳에서 이 나무를 발견했다. 서귀포시 남원읍 수망리에 자리한 물영아리오름은 정상에 커다란 분화구형 습지를 지니고 있다. 2007년 람사르습지로 등록된 곳이다. 오름의 높이는 해발 508m인데, 맨 하단부터 정상까지의 실질적 높이는 128m에 불과하다. 그래도 올라가는 게 쉽지만은 않다. 가파른 등산로가 정상까지 일직선으로 뻗어 있어서 땀깨나 쏟아야 한다. 두어 차례 쉬어가며 정상에 오르자 어디에선가 농밀한 때죽나무꽃 특유의 향기가 났다. 아이는 그게 진한 딸기 아이스크림 향기 같다고 했다. 진원을 찾아가니 커다란 때죽나무가 산정에 버티고 있었다. 쉽게 보기 힘든 크기의 나무였다. 그 향기에 유혹된 것은 우리만이 아니었다. 수많은 벌들이 그곳에서 꿀을 따며 잔치를 벌이고 있었다.
"내 딸기 아이스크림 먹지 마."
아이는 화난 척하며 벌들을 향해 소리쳤다. 그러고는 나를 보며 깔깔깔깔 웃었다. 그 유쾌한 웃음소리가 분화구에 갇혀서 메아리쳤다.

6월. 수박처럼 시원하면서 은은한 자귀나무꽃 향기

6월이 되었고, 강원도 고성군에서 그토록 기다리던 라벤더축제가 열린다는 소식이 들렸다. 우리는 3시간은 달려야 하는 그 먼 곳을 즐거운 마음으로 찾아갔다. 그런데 라벤더농장 조금 못 미친 곳 길가에 선명한 자주색 꽃을 활짝 피운 나무들이 군락을 이루고 있었다. 자귀나무였다.

"말미잘처럼 생겼어요. 민들레 씨앗 같기도 해요."
아이는 꽃의 모양을 보면서 나름대로 비슷하게 생긴 것들을 끌어다 붙였다. 그러더니 가까이 다가가서 꽃에 코를 박고 향기를 맡았다.
"아무 향기도 나지 않아요."
"다시 한 번만 맡아볼래?"
"아, 나요, 아빠. 수박 향기 같은 게 희미하게 나요."

고성 하늬라벤더팜
다녀오던 길에 만난
자귀나무꽃.

자귀나무는 저녁이 되면 양쪽으로 벌어진 잎을 손뼉을 마주치듯 접어서 아래로 늘어뜨린다. 그 모습이 마치 귀신이 자는 것 같다고 해서 자귀나무라고 부른다고 한다. 한자로는 밤에 잎이 합쳐진다는 뜻의 야합수, 합혼수 등의 이름으로 불린다. 신혼부부 창가에 심으면 부부 금슬이 좋아진다는데 이 또한 그 생리적 특성에 바탕을 둔 속설로 보인다.
우리는 자귀나무꽃을 잠깐 본 후 라벤더농장에서 한참 시간을 보냈다. 그리고 미리 부탁해두었던 라벤더 한 다발을 받아서 집으로 출발했다. 그런데 아이가 갑자기 자귀나무꽃 향기가 자꾸만 떠오른다고 했다. 자동차 안에는 라벤더의 진한 향기가 가득한데, 존재감도 거의 없었던 자귀나무꽃 향기가 대체 뭐라고. 가만 생각해보니 자귀나무꽃 향기는 강하지 않고 은근했다. 정말 좋고 귀한 것은 애써 자신을 드러내지 않는다. 그러지 않아도 남들이 다 알아주는 법이니까. 자귀나무꽃 향기가 꼭 그랬다. 그 향기는 참 기품이 있었다.

7월. 가마솥에서 토마토 끓는 향기

여름방학을 하고 며칠 후, 토마토를 따러 아이 고모의 시댁에 갔다. 강원도 철원군 와수리라는 곳으로, 민통선 내에 있다. 사람이 그리 많이 살지 않는 조용하고 깨끗한 시골이었다. 고모의 시댁에서는 여름이면 옥수수와 파프리카, 토마토 등을 농사지어서 팔거나 식구들과 나누어 먹었다. 우리는 밭에 있는 토마토를 따서 깨끗하게 씻었다. 40kg짜리 상자로 여섯 개쯤 됐다.

철원 와수리 고모부 댁
토마토 주스 만들기.

집에 가져가서 먹을 것으로 고모네와 한 상자씩 챙기고 나머지는 주스를 만들기로 했다. 어마어마한 크기의 가마솥에 나머지 토마토를 몽땅 부어서 팔팔 끓였다. 토마토의 껍질이 벗겨지고 살이 녹으면서 점점 걸쭉해졌다. 처음에는 별 향기가 없었는데, 차츰 토마토 특유의 향기가 올라왔다. 긴 나무주걱으로 끊임없이 저어주니 토마토는 수프처럼 변했다. 신기한지 그 모든 과정을 꼼짝 않고 옆에서 지켜보던 아이의 얼굴이 장작불의 뜨거운 기운에 토마토처럼 붉게 달아올라 있었다. 아이는 토마토를 그리 좋아하지 않았었다. 게다가 주스는 더욱 그랬다. 그런데 그 여름 이후로

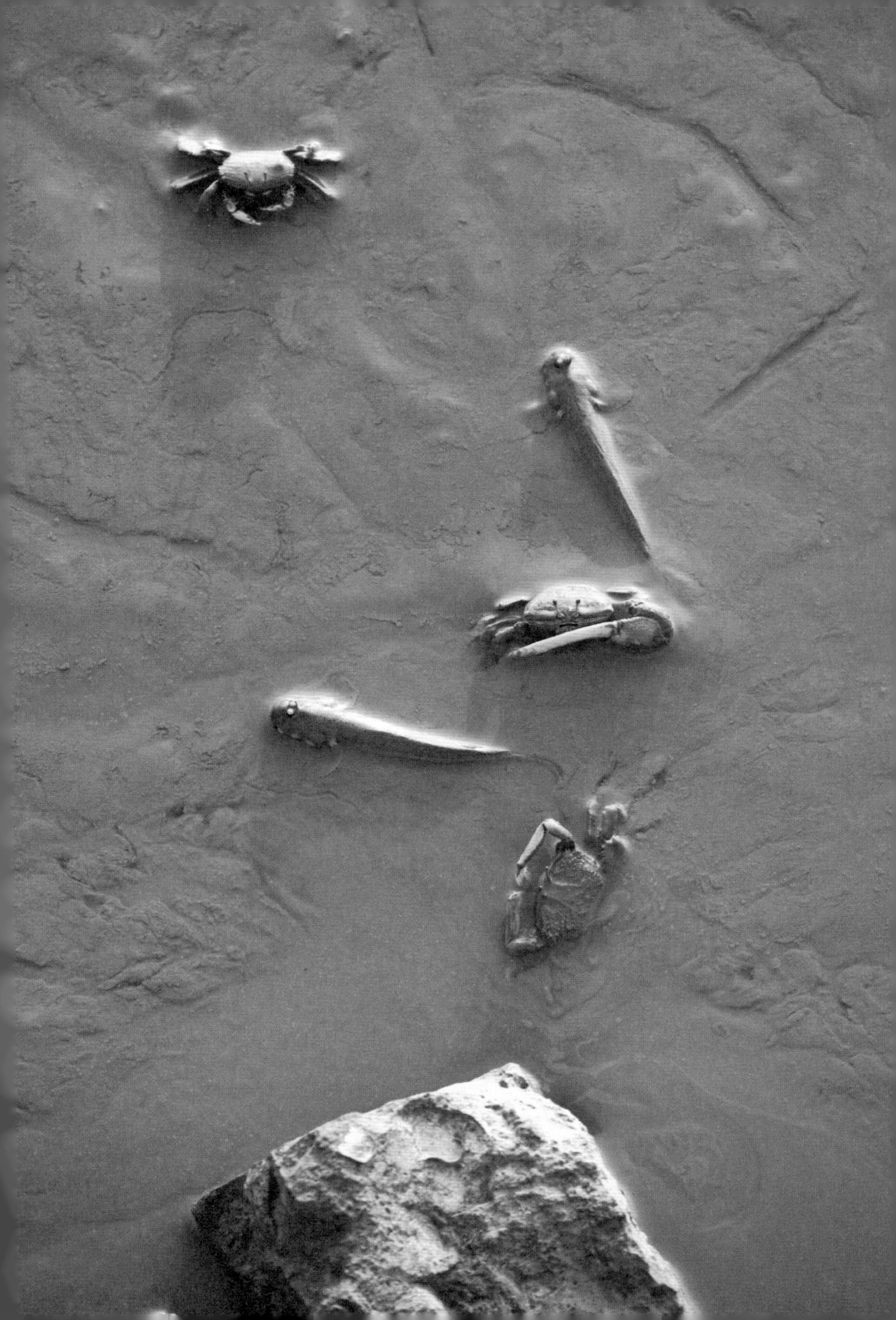

토마토를 좋아하게 됐다. 토마토를 보면 가마솥에서 끓던 그때의 향기가 난다고 한다.

8월. 뙤약볕에 갯것들 숨 번지는 향기

하루에 두 번 바닷길이 열리는 신비의 섬 경기도 화성시 제부도에 갔다. 갯벌의 생명들도 휴가를 떠나야 하지 않을까 생각이 들 정도로 무더위가 계속되던 8월이었다. 제부도 갯벌에서 온몸이 흙투성이가 된 채 바지락을 줍고 있었다. 그런데 조금 멀리 떨어진 곳에서 아이가 마치 나무처럼 움직이지 않고 서 있었다. 왜 그러는 건지 궁금해서 가까이 가는데, 아이가 말했다.

"꼼짝 마세요."

내가 뭘 잘못 밟기라도 했나? 아니면 위험한 뭔가가 공격이라도 하려는 걸까? 별생각이 다 드는데, 아이가 속삭이듯이 작은 목소리로 그 이유를 알려주었다.

"저번에 아빠가 가르쳐주셨던 짱뚱어와 칠게 맞죠? 조금이라도 움직이면 호로록 도망쳐버려요. 그러니까 거기서 보셔야 돼요."

회의라도 하려는 듯 짱뚱어와 칠게가 모여 있었다. 하늘에서는 뜨거운 태양이 연신 내리쬐고 땀은 비 오듯 흐르는데, 아이는 잘도 견뎠다. 약간은 하수구에서 올라오는 것과 비슷한 갯벌 특유의 향기까지 뜨거운 공기에 데워져 나를 괴롭혔다. 나는 결국 참지 못하고 도망치듯 나오고 말았다. 그러나 아이는 요지부동이었다. 나를 괴롭힌 그 향기마저도 아이는 사랑했다.

9월. 햇사과의 새콤달콤한 향기

경상북도 청송군 송소고택 다녀오던 길에 사과밭에 잠시 들렀다. 햇사과가 막 나오는 9월이었다. 청송은 일교차가 커서 사과의 육질이 단단하고 달기로 유명하다. 추석을 앞두고 홍옥 품종의 사과를 따는 중이었는데, 그 색깔이 어찌나 고운지 가던 길을 멈추지 않을 도리가 없었다. 우리는 사과밭으로 들어가 맛 좀 볼 수 있겠냐고 물었다. 사과를 따던 주인장은 얼마든지 그러라며 잘생긴 녀석으로 골라서 직접 깎아주었다. 갓 딴 사과는 세상 어떤 비싼 음식이 부럽지 않을 만큼 맛있었다. 과즙이 어찌나 풍부하던지, 한입 크게 베어 물어 씹다 보면 과즙이 주스처럼 목구멍으로 넘어갈 정도였다. 그걸 맛본 사람이라면 도무지 사지 않고는 못 배길 것이다. 아이가 하루에 두 알씩은 먹을 수 있다고 장담하기에 사과 두 상자를 샀다. 덤으로 얹어준 상처 난 사과까지 세 상자 가까이 됐다. 그해 가을 우리는 그 사과 덕분에 행복했다. 갈수록 햇사과로서의 새콤달콤한 향기는 줄어들었고, 부사 품종이 출하되는 10월 말까지도 다 못 먹었지만.

청송 갓 수확한 사과.

10월. 못생겨도 쓸모 많은 모과 향기

아파트 화단에 심긴 모과나무의 열매는 누가 다 따는 걸까? 나는 그게 궁금하기 짝이 없었다. 정확히 세어보지는 않았지만 우리 아파트에 모과나무가 적어도 다섯 그루는 넘게 있던 것 같은데,

어쨌든 10월은 아이에게 모과 향기로 기억된다. 경상북도 안동시의 병산서원 앞에는 모과나무가 여럿 있다. 병산서원을 둘러보고 나오는 길에 어디선가 '툭' 하고 무거운 물건이 떨어지는 소리가 나기에 살펴보니 모과 열매였다. 땅바닥에는 모과 열매가 제법 많이 나뒹굴고 있었다. 우리는 그중 일부를 주워 와 차를 담그기로 했다.

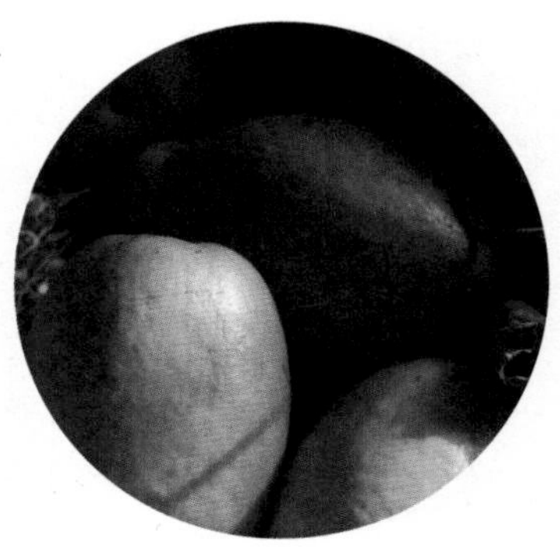

병산서원 앞에서 주워 온 모과.

아이와 나는 둘 다 기관지가 좋지 않은 편이었다. 모과 열매는 못생긴 외모와 달리 가래를 삭이고 기침도 멎게 해준다고 한다. 그 외에 각종 염증을 억제하고 위장도 편안하게 해준다고 한다. 열매를 깨끗이 씻어서 겉면의 끈적끈적한 지용성 왁스 성분을 말끔히 닦아내는 일은 아이가 책임졌고, 열매의 씨를 제거한 후 단단한 과육을 나박나박 써는 일은 내가 담당했다. 아내는 미리 소독해둔 유리병에 열매와 1 대 1 비율로 설탕을 부었다. 비록 그달에 먹지는 못하고 3개월이 지나 개봉했지만, 차를 마실 때마다 아이는 그걸 만드는 데 자신이 한몫했음을 누누이 강조했다. 자신이 모과 열매를 깨끗이 목욕시킨 덕분에 더

강릉 경포대 단골 두부집에서 콩 삶는 모습.

향기롭다면서.

11월. 갓 수확한 두부콩 삶는 향기

어렸을 적, 어머니께서는 손수 재배한 콩으로 해마다 정성 들여 메주를 만드셨다. 그 메주로 띄운 장은 정말 맛있었다. 밀가루를 섞어서 속성 발효시키는 시중 된장과는 차원이 달랐다. 메주를 만들기 위해서는 먼저 콩을 삶아야 하는데, 그날을 나는 손꼽아 기다렸다. 삶은 콩이 그렇게 맛있을 수가 없었기 때문이다. 한 줌 한 줌 쥐어 먹다 보면 어느새 배가 불러서 졸음이 쏟아지곤 했던 기억이 난다. 식성이 유전되었는지 아이도 삶은 콩을 좋아했다. 특히 그 향기를 정말 좋아했다. 고소하기 이를 데 없다면서 말이다. 찬 바람이 예사로 불기 시작하던 11월, 아이와 강릉 경포대의 단골 두부집을 찾았는데, 마침 그곳에서는 갓 수확한 두부콩을 큰 가마솥에 삶고 있었다. 우리는 배고픔도 잠시 잊고 콩 삶는 모습을 뚫어져라 지켜보았다. 콩을 삶던 주인이 그 마음을 읽었는지, 잘 삶아진 콩을 그릇에 조금 덜어주었다. 우리는 서로를 쳐다보며 '씨익' 웃고는 그 콩을 진수성찬도 부럽지 않을 정도로 맛있게 먹었다.

12월. 찬 바람이 그리워지는 도루묵과 양미리 굽는 향기

아이는 겨울을 좋아한다. 눈밭에서 노는 게 그렇게 행복할 수가 없단다. 아이가 겨울을 좋아하는 이유가 한 가지 더 있다. 도루묵과 양미리가 겨울에 제철을 맞기 때문이다. 아이가 여섯 살이었던 해 연말, 우리는 주문진 어시장의 한 생선구이집에 앉아 있었다.

도루묵과 양미리 구이를 먹기 위해서였다. 숯불 위에 석쇠를 얹은 다음 도루묵과 양미리를 올려서 굵은 소금을 뿌려 굽는데, 맛이 아주 끝내준다. 숯불에 구운 생선은 프라이팬에 기름을 두르고 구운 생선과 달리 육질이 쫀득하다. 게다가 생선 기름이 숯불 위로 떨어지며 타닥타닥 탈 때 연기가 폴폴 나게 마련인데, 그 연기가 훈증 역할을 제대로 해서 생선 맛이 담백해진다. 석쇠에 올라간 도루묵과 양미리의 표면을 한 번 어루만지고 공중으로 흩어지는 연기에는 말로는 설명하기 힘든 특유의 향기가 있다. 그 향기를 맡으면 절로 군침이 돌아서 별생각 없이 지나던 사람도 걸음을 멈추고 돌아보게 된다.

주문진 어시장
생선구이집.

초겨울의 도루묵과 양미리는 알이 꽉 차서 더 맛있다. 특히 도루묵은 알이 반이라고 해도 과언이 아닐 정도다. 12월이 지나면 도루묵은 산란기가 가까워져서 알이 딱딱해진다. 그러면 맛이 반감된다. 양미리는 뼈째 씹어 먹어야 제맛이다. 그러나 아이에게 아직 그것은 무리. 그래서 잔가시까지 모두 발라주었더니 세상 맛있게 잘 먹었다. 그 기억이 즐거웠는지 아이는 찬 바람만 불면 도루묵과 양미리 굽는 향기가 그립다고 난리다.

1. 향기를 모으다, 추억이 쌓이다

여행 목적은? 특정 향기는 특정 추억을 떠오르게 한다. 수집한 향기만 맡아도 언제든 그와 관련된 추억을 되새길 수 있다는 놀라운 사실 알려주기.

어떻게 할까? 꽃이나 이파리나 풀처럼 수분을 가지고 있는 것들은 바짝 말리지 않으면 곰팡이가 피면서 썩어버린다. 그런데 또 바짝 말리면 바스러지기 쉽다. 조심조심 다루는 수밖에 도리가 없다.

필요한 것은? 채집한 향기를 담을 유리병. 음료수 병, 잼 통, 스파게티 소스 병 등을 재활용하면 된다. 기존에 배어 있던 향기는 강력한 탈취 효과가 있는 베이킹소다로 닦거나 병을 끓여서 제거한다. 향기가 담긴 유리병에는 언제 어디서 채집된 것인지 적어두자. 시간이 지날수록 기억이 가물가물해져서, 다른 향기를 채집한 곳과 혼동될 때가 있다.

2. 세상 어디에도 없는 향수

여행 목적은? 세상에 못 할 일은 없다. 그렇게 한 일의 성과가 솔직히 '별로'일 수는 있다. 하지만 쏟은 노력이 '최고'이기만 하면 된다는 점 보여주기.

언제 떠날까? 라벤더는 6월이 제철이다. 고성 하늬라벤더팜에서는 보통 5월 말쯤 축제를 시작해서 6월 하순에 끝낸다. 이후에는 라벤더를 수확하므로 방문하려면 시기를 잘 맞춰야 한다.

어디로 갈까? 전남 광양 사라실마을은 2016년 라벤더 재배에 성공해 축제를 열기 시작했다.

[본문 여행 중] 강원도 고성군 간성읍 하늬라벤더팜, 라벤더를 대단위로 재배하는 곳.

필요한 것은? 버너, 라벤더 향기 추출을 위한 찜 냄비, 숭숭 뚫린 찜기 구멍에 올릴 유리 도막, 냄비 뚜껑의 손잡이를 빼고 그 자리에 꽂을 뾰족한 플러스펜 뚜껑, 뒤집어 덮게 될 냄비 뚜껑에 올릴 충분한 얼음, 라벤더 엑기스 방울이 떨어져 담길 조그만 컵, 싱싱한 라벤더 한 다발.

3. 향기달력, 아이가 사랑한 열두 개의 향기

여행 목적은? 한 해의 각 달마다 우리만의 색깔을 칠했듯, 향기도 입힐 수 있다. 그달이면 더욱 생각나는 향기로 열두 달을 기억하기.

필요한 것은? 아이와 지난 1년을 돌아보며 그달의 향기를 정할 시간만 있으면 된다.

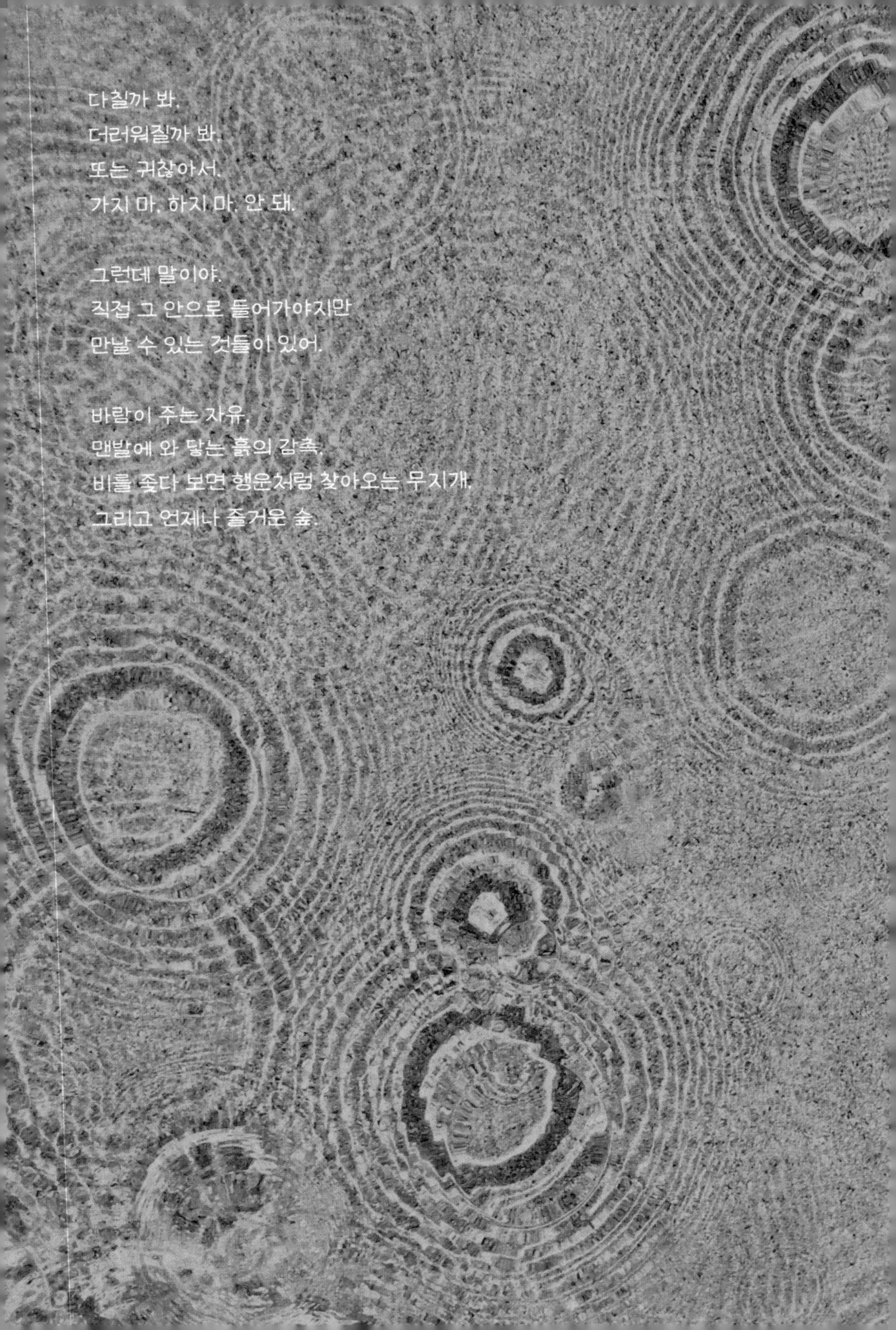

다칠까 봐.
더러워질까 봐.
또는 귀찮아서.
가지 마. 하지 마. 안 돼.

그런데 말이야.
직접 그 안으로 들어가야지만
만날 수 있는 것들이 있어.

바람이 주는 자유,
맨발에 와 닿는 흙의 감촉,
비를 좇다 보면 행운처럼 찾아오는 무지개,
그리고 언제나 즐거운 숲.

피부로
느낀다는
것

바람이 강하게 불 때야말로 연을 날리기에 가장 좋은 시기다.
- 마쓰시타 고노스케

바람 불어 좋은 날

아이는 여섯 살이 되면서부터 부쩍 자연계의 현상에 대해 관심이 높아졌다. 나는 아이가 뭔가를 궁금해하면 가능한 한 직접 체험해서 느끼고 깨닫게 하는 편이다. 우리는 우주를 보기 위해 인공의 불빛이 없는 산꼭대기와 외딴 섬을 찾았고, 물이 어떻게 순환하는지 보기 위해 한강의 시작 지점인 검룡소에 다녀오기도 했다. 여행 과정에서 우리는 관련 이야기를 진지하게 나눴다. 반드시 과학적인 사실에 부합하는 것만은 아니었다. 때로 환상동화에 가까웠다. 어느 쪽이 됐건 그런 주제를 가지고 깊은 생각을 해본다는 것은 의미가 있었다. 아이는 바람에 대해서도 알고 싶어 했다.

바람에도 고향이 있나요?

"바람은 왜 불어요?"
"사람을 지구라고 치면 머리는 북극, 발은 남극, 허리는 적도라고 할 수 있어. 바람은 지구에서 가장 추운 남북극과 가장 더운 적도의 온도 차이 때문에 만들어진단다. 낮과 밤 그리고 계절에 따라 육지와 바다 사이에도 온도 차이가 많이 나는데 바람은 그 틈에 생기기도 해."
"바람에도 고향이 있나요?"
"있고말고. 쉬지 않고 항상 부는 큰 바람은 모두 지구의 적도 부근에서 태어나지. 놀랍게도 그곳에는 바람이 불지 않는단다. 정작 바람의 고향에는 바람이 없는 셈이야."
"바람은 어떻게 생겼어요?"
"바람은 여태까지 결코 제 모습을 드러낸 적이 없어. 그래서 바람이 어떻게 생겼는지 아빠도 말해줄 수가 없구나. 다만 나무와 풀, 마당에 널어놓은 빨래를 보면 바람의 표정을 알 수는 있지. 화났는지, 아니면 기분이 좋은지."
나는 아이에게 창녕의 우포늪을 다녀오던 길에 보리 이삭을 '스윽' 쓰다듬으며 지나는 상냥한 바람을 보여주었다. 파주의 임진각에서는 수천 개의 바람개비를 일제히 돌리는 신나는 바람을 보여주었다. 수줍은 바람은 멀리서 찾을 필요가 없었다. 집 근처 자연학습공원에 민들레가 흔했는데 씨앗들이 날아갈 순간만을 기다리고 있었다.

보리 이삭을 훑고 지나는 상냥한 바람.
임진각 바람개비를 빠르게 돌리는 신나는 바람.

"이번에는 바람이 어디에 있어요?"
"네 입안에 있지."
아이는 그제야 내 말을 이해하고 굉장히 수줍은 표정을 하며 바람을 '후' 하고 불었다. 그러자 민들레 씨앗들이 조용히 우산을 펼치며 바람의 결을 따라 여행을 떠났다. 민들레 씨앗을 가지고 한참 놀던 아이가 빤히 쳐다보며 물었다.
"바람이 세게 불 때는 왜 집 밖에 나가지 말라고만 하세요?"
"난폭하게 몰아쳐서 다 쓸어버리니까."
"정말 무섭기만 한 거예요?"
당연하다고 말하려던 나는 갑자기 창피한 마음이 들었다. 평소 어떤 일을 맞닥뜨렸을 때, 특히 그것이 하고 싶은 일이라면 일단 발이라도 담가봐야 후회가 남지 않는 법이라고 아이에게 누누이 강조해왔다.
"보면 알잖느냐고 눈은 말하지. 위험한 소리가 들린다고 귀는 말하지. 나쁜 냄새가 난다고 코는 말하지. 하지만 말이야. 당연한 것은 결코 없어. 직접 부딪쳐보지 않고는 모르는 법이야. 세상을 바꾸는 사람은 멀찍이 떨어져서 재기만 하는 사람이 아니라, 두려움을 무릅쓰고 한 발짝 앞으로 나아가는 사람이란다. 네가 그런 사람이 되었으면 좋겠구나."
아이에게는 이렇게 말하면서 성난 바람을 피해야 할 존재로만 주입하고 있었던 것이다. 아이는 그 바람과 놀고 싶어서 이야기를 꺼냈음이 분명했다. 나는 이내 아이의 마음을 헤아리고, 조심하기만 하면 문제없을 테니 그런 바람이 오거든 한번 확인해보자며 훗날을 기약했다.

오매불망 기다렸지만 센 바람은 쉬 오지 않았다. 그러는 사이 보리 수확이 끝나고 민들레 씨앗도 남김없이 여행을 떠났으며 장마까지 다녀갔다. 이러다가는 태풍에 기대어야 할 판이었다. 그런데 우리가 왜 걱정하는지를 다 알고 있다는 듯, 7월 하순의 어느 날, 드디어 바라던 바람이 불어왔다. 예보도 없이 찾아온 바람이었다. 우리는 환호성을 지르며 '때는 이때다' 하고 길을 나섰다.

민들레 씨앗을 날리는
아이의 수줍은 바람.

거리는 입간판들이 쓰러져 나뒹굴었고, 주유소와 휴대폰 가게 앞에 세워놓은 풍선인형은 춤이 아니라 아예 발광을 해댔다. 도로에 걸린 교통표지판도 사정없이 흔들거리며 지독한 관절염을 앓는 내 어머니의 무릎처럼 연신 '삐걱삐걱' 소리를 냈다.

이날 여행을 떠난 것은 우리만이 아니었다. 아이의 이모네도 설악산으로 캠핑을 떠났다. 물론 이런 바람이 불 줄은 몰랐다. 뒷이야기를 자세히 들어보니 캠핑장이 아수라장으로 변했었다고 한다. 텐트들이 통째로 날아다니고 난리도 아니었다는 것이다.

바람을 느끼며 보낸 시간

바람으로 인해 자동차조차 거의 다니지 않는 한산한 도로를 달려 경기도 화성시 송산면의 우음도로 향했다. '소가 우는 섬'이라고 해서 우음도(牛音島)였다. 그러나 이곳은 더 이상 섬이 아니다.

1994년 시화방조제 건설 후 육지가 되었다. 방조제 건설 초기에 시화호가 썩어가면서 내는 악취 탓에 우음도는 사람이 살기 힘들었다. 다행히 2001년 바닷물을 끌어들임으로써 시화호는 '죽음의 호수'에서 '생명의 호수'로 거듭났다. 호수가 건강을 회복하면서 악취가 완전히 사라졌고, 육지화된 지역에는 고라니가 무리를 이루어 서식하고 있다. 완전히 떠났던 철새들도 돌아와 둥지를 틀 정도로 생태계가 안정을 찾았다.

우리가 굳이 우음도로 길을 잡은 데는 다 이유가 있었다. 우음도 일대에 아프리카를 방불케 할 정도의 드넓은 초원이 형성되어 있기 때문이었다. 바닷물이 빠져나간 자리를 풀이 무성하게 뒤덮은 가운데 나무들이 외따로 아주 드문드문 서 있었다. 어떤 인공적인 구조물도 없이 탁 트인 초원에서는 바람이 성을 낸다 한들 다칠 위험이 거의 없었다.

더군다나 풍경 또한 아름다웠다. 이곳에 난 풀의 대부분은 일제강점기 이후 '띠'라는 이름으로 바뀐 '삐'풀이었다. 소들이 그렇게 좋아하는 볏과의 여린 잡초다. 6월에서 7월 사이 삐꽃이 하얗게 만발한다. 아무짝에도 쓸모없는 잡초로 폄하하기에는 그 꽃이 너무나 예쁘다. 아침저녁의 노을에 금빛 강물로 흐르거나 한낮의 태양에 하얀 파도로 넘실댈 때 삐꽃의 아름다움은 절정에 달한다. 겨우 무릎 높이까지 자라는 삐는 연약한 풀이다. 바람이 조금이라도 불면 그걸 견디지 못하고 반대 방향으로 쓰러진다. 이곳에 도착했을 때, 삐풀은 잘 빗은 머릿결처럼 가지런히 누운 채 바람을 견디고 있었다. 우리는 가지고 간 종이로 바람개비를 만들어 돌려보았다. 비행기 프로펠러처럼 빠르게 돌던 바람개비는 그러나 바람을 이기지 못하고 금방 망가졌다. 아이는 삐풀 사이를 천방지축 뛰어다녔다. 아무 막대기나 주워서 바닥에 그림을 그리기도 했고, 어디선가 들리는 두꺼비 울음소리의 진원을 찾아 나서기도 했다. 자신을 날려버릴 태세로 바람이 거칠게 불 때는 삐풀 사이에 쪼그려 앉아서 쉬었다. 누가 이끌거나 뭔가를 쥐여주지 않아도 저 혼자 바람을 느끼며 즐거운 시간을 보냈다.

사실 부모들은 거의 예외 없이 아이들에게 너무 많은 것을 쥐여준다. 아이의 학습에 도움이 되라고, 심심할까 봐, 미안한 마음에, 단지 사달라고 해서, 뉘 집 아이도 있다기에……. 여러 이유로 다 가지고 놀지도 못할 만큼의 장난감과 학습교구 들을 아이에게 사준다. 어떤 숨붙이든 그것을 키우는 일은 대단한 도전이다. 하물며 열대어라도 키워본 사람은 안다. 부족하게 먹이를 줘서 죽이기보다 넘치게 줘서 죽이게 된다는 사실을 말이다. 아이들에게도 적용되는 이야기다. 주어지지 않은 것은 갈망을 부르고 결핍의 부분을 창의로 대체하지만, 넘치는 것은 쓰레기로 전락할 따름이다.

나는 고스란히 되돌려놓을 작정으로 아내 몰래 여러 색깔의 천들을 가져갔다. 아내가 식탁보와 책상보 등으로 쓰겠다고 구입한 것이었다. 바람을 타고 날아오르려면 역시 망토가 필요한 법이다. 그러라고 보라색 체크무늬 천 하나를 주었더니 아이는 양손으로 그것을 꽉 쥐고 양팔을 날개처럼 펼쳐서 바람에 맞섰다. 바람은 접혀 있던 탓에 생겼던 천 자국들을 감쪽같이 지워버릴 정도로 세게 불어댔다.

"몸이 붕붕 뜨는 것 같아요. 천을 더, 더, 더 많~이 연결해주세요. 난

바람의 결을 고스란히 보여주는 우음도 삐풀밭.
아내 몰래 가져간 천이 아이의 날개가 되어 하늘로 들어 올렸다. 아이 말에 따르면.

이제 하늘로 날아오를 거예요."

바람아, 세게 더 세게 불어줘

아이의 요구에 보라색 체크무늬 천 뒤에 파란색 천을 단단히 묶어서 이었다. 힘센 바람은 그마저도 가볍게 들어 올려 미친 듯이 흔들어댔다. 특히 이따금 한 번씩 세찬 소리를 내면서 달려들기도 했는데, 그때마다 아이의 몸이 들썩이며 뒤로 밀렸다. 아이는 바람이 자신의 몸을 완전히 들어 올려서 조금씩 뒤로 옮겼다고 주장했다. 물론 내가 보기에 바람은 아이를 떠오르게 하지는 못했다. 하지만 거짓말을 할 아이가 아니었으므로 그 기적적인 장면이 언제 연출됐을지 곰곰 따져보았다. 결론이 나왔다. 나는 한시도 아이에게서 눈을 뗀 적이 없었다. 그 일은 내가 눈꺼풀을 깜빡 내렸다가 올리는 그 사이 일어났음이 확실했다. 겨우 영점 몇 초의 찰나에 불과할 것이다. 솔직히 그 짧은 순간에 지면에서 발이 살짝 들린 것을 두고 '떠올랐다'고는 할 수 없다. 아이가 왜 그렇게 말했는지는 알 듯했다. 날기를 간절히 고대했던 아이에게는 그 찰나가 충분히 긴 시간처럼 느껴졌던 게 아니었을까.
재미있는 점은 떠오른 높이와 공중에 머문 시간이 기억 속에서 갈수록 길어지더란 것이다. 1년쯤 지나 우연히 이 사건에 대해 이야기할 때, 아이는 자신이 꽤 높은 지점에 오랫동안 떠 있었다고 했다. 나는 제아무리 바람이 셌다지만 그건 좀 아니지 않으냐고 딴지를 걸었다. 아이는 정색을 하며, 바람이 잠깐 쉬는 틈을 타서 겨우 땅에 내려올 수 있었는데, 그때의 충격으로 무릎이 아팠노라고 구체적으로 설명하기까지 했다. 기가 찼다. 그게 사실이라면 그

후로도 왜 그토록 애타게 더 큰 바람을 원했느냐는 물음에는 새처럼 하늘 높이 날고 싶었기 때문이라고 답했다. 아이는 실제로 그랬다고 여기는 듯했다. 문득, 상상이든 환상이든 믿고 싶은 소망이든 그것이 아이를 행복하게 만들어준다면 깨지지 않게 지켜주어야 한다는 생각이 들었다. 굳이 지금이 아니더라도 어른이 되어가면서 스스로 사실을 깨닫게 될 테니까. 아이의 말에 나는 더 이상 토를 달지 않고 맞장구를 쳐주었다. 그날 아이는 바람의 귀청이 떨어져라 목청껏 외쳤다.

"힘을 내, 바람아. 세게 더 세게 불어줘."

아이는 아쉬운 마음보다 기쁜 마음으로 깔깔대며 바람을 응원했다. 그런 아이를 바라보며, 왜 바람이 센 날이면 집 밖으로 나가지 못하게 단속만 했을까 후회했다. 만약 계속 집 안에만 있었다면 바람이 선물하는 자유를 느끼지 못했을 것이다. 두려움을 버리고 다가설 때 세상은 얼마나 흥미진진한지, 얼마나 즐거운지, 얼마나 아름다운지, 바람이 우리에게 가르쳐주었다. 정말로 고맙다, 바람아.

대지, 그것의 삶과 나는 하나
호조니, 호조니[11]
대지의 발은 곧 나의 발
호조니, 호조니
대지의 몸은 곧 나의 몸
호조니, 호조니
대지의 생각은 곧 나의 생각
호조니, 호조니
대지가 하는 말이 곧 내가 하는 말
호조니, 호조니
- 아메리카 인디언 나바호족 노래
류시화 엮음, 『나는 왜 너가 아니고 나인가』

맨발로 느끼는 지구

시골에서 태어난 나는 어릴 적만 해도 맨발로 다니는 게 일상이었다. 산과 들을 누비며 맨발로 밟았던 땅의 감촉이 마치 방금 전 일인 양 생생하게 느껴진다. 당시를 추억하자면 신발이 거추장스러워서 아예 잘 신지 않거나, 신었다가도 금방 벗어버리곤 했다.
나는 맨발에 닿는 지구의 감촉을 사랑했다. 모래가 발가락 사이로 사르르 빠져나가는 느낌, 조약돌이 세게 누르는 느낌, 풀이 살살 간질이는 느낌, 낙엽이 바사삭 부서지는 느낌, 작은 나뭇가지가

꾹꾹 찌르는 느낌, 매끈한 황톳길이 착착 감기는 느낌, 자갈 섞인 흙 알갱이가 슥슥 긁는 느낌 등을 내 발은 고스란히 수신해냈다. 그리고 땅의 온도 변화도 예민하게 감지해냈다.

하지만 자라면서 점점 신발에 적응했다. 수신기의 감수성은 한없이 무뎌졌으며 피부도 연약해졌다. 건강에 좋다고 만들어놓은 지압로를 걸을 때조차 아파서 비명을 지를 정도였다. 단지 고통뿐 다른 느낌은 전혀 없었다. 땅의 온도 또한 차갑고, 따뜻하고, 뜨거운 것만 알았다. 그 사이사이의 미세한 차이는 읽지 못했다.

어릴 적 자연을 맨발로 누비며 누렸던 행복을 아이도 만끽하게 해주고 싶었다. 그 핑계로 나 역시 아이와 함께 어린 시절의 행복을 다시금 맛보고 싶었다.

맨발로 걸을 만한 곳을 찾다가 괜찮은 길 하나를 발견했다. 서울 강북구 우이동과 경기 양주시 장흥면 교현리를 잇는 6.8km의 우이령길이었다. 국립공원관리공단이 조성한 북한산둘레길 총 71.5km의 마지막 구간이었다. '1.21 사태(김신조 청와대 침투 사건)' 이듬해인 1969년 이래, 전경대와 군부대가 설치되며 민간인의 출입이 엄격히 통제되다가 정확히 40년 만인 2009년 드디어 개방되었다.

이 길은 현재 우이탐방지원센터와 교현탐방지원센터 양쪽에서 하루 500명씩만 입장을 허용하고 있다. 처음에는 인원에 제한을 두지 않았다. 그랬더니 숲의 터줏대감들이 고통의 비명을 질러댔다. 조용했던 집에 갑자기 감당할 수 없을 만큼 많은 불청객이 시도 때도 없이 몰려들어 생활의 리듬을 완전히 깨뜨렸기 때문이다. 까막딱따구리는 깊은 숲으로 들어가거나 다른 터전을 찾아서 날아가 버렸고, 새호리기는 알을 낳고도 스트레스 때문에 부화를 시키지 못했다. 다행히 국립공원관리공단의 조치는 재빨랐다. 예약자 우선으로 하루 최대 1,000명에게만 입장을 허용함으로써 숲을 안정시킨 것이다.

깊은 잠에 빠졌던 발바닥의 감각 세포들이 깨어나

우이령길은 전체 길이의 약 3분의 2에 해당하는 4.46km가 자연생태계보전지역으로 지정돼 있다. 우이탐방지원센터에서부터 교현탐방지원센터까지다. 이 구간이 맨발길이다. 이곳을 선택한 이유가 여기 있었다.
우이탐방지원센터에서 걷기를 시작했다. 때는 불볕더위가 기승을 부리던 8월 초의 아침이었다. 우리는 과감히 신발을 벗었다. 마사토를 복토해서 다진 길은 전반적으로 거친 편이 아니었으나, 땅의 낯선 자극에 발이 깜짝 놀라 움찔했다. 양말과 신발 속에서 귀한 공주님처럼 지내왔으니 그럴 만도 했다. 모두의 걸음걸이가 어기적어기적 우스꽝스러웠다. 우리는 서로를 바라보며 한바탕 신나게 웃었다. 걱정과 달리 아이는 금방 적응했다. 처음 걷기 시작했을 때 말고는 아프다고 투정을 부리지 않았다. 발바닥으로 오는 땅의 다양한 감촉을 아이는 신기해했다. 아이의 발바닥은 이제 막 움튼 여린 새싹처럼 모든 자극을 받아들일 준비가 되어 있었다. 해가 솟아오를수록 서늘했던 땅에 서서히 온기가 더해졌다. 발바닥에 새로운 느낌이 올 때마다 아이는 그것을 내게 전달하며, 마찬가지 느낌을 받았는지 확인하려 했다. 비록 예전 같지는 않았으나 내 발바닥으로도 땅의 온도가 변하는 것을 알 수 있었다. 해찰하며 설렁설렁 걷는 중에 오랜 잠에 빠졌던 발바닥의 감각 세포들이 하나둘씩 깨어난 것이다. 우이령 숲의 대표 수종은 신갈나무다. 전체의 60%가량 차지한다. 이 외에 병꽃나무, 국수나무, 생강나무, 산초나무, 층층나무, 큰까치수염, 각시둥굴레, 족두리풀 등 총 259종의 식물이 숲을 이룬다. 우이령 남사면 계곡에는 도롱뇽과 계곡산개구리, 청개구리 등 3종의 양서류가 산다. 길가와 숲에 핀 꽃에는 15종의 나비가 날아든다.[12]

맨발로 걸어보라고 권하는
우이령길 안내판.

우리는 이 건강한 숲길을 정말로 천천히 걸었다. 대전차장애물을 지나 오봉전망대 그리고 교현탐방지원센터까지 왕복하는 데 빠르면 2시간, 게으름을 피워도 3시간이면 충분한 거리였다. 그러나 아이는 고작 네 살이었다. 모든 것을 아이의 속도에 맞췄다. 아이는 뛰어다니기도 하고 한곳에 눌러앉아 흙을 가지고 놀기도 했다. 나비를 쫓느라 다시 걸어왔던 방향으로 돌아가기도 했다. 간단한 요깃거리도 챙겼겠다, 바삐 숲길을 빠져나가야 할 까닭이 없었다. 어차피 아이에게 맨발의 기쁨을 알려주러 온 여행이었다. 그래서 아이가 됐다고 신호를 보낼 때까지 그곳에서 거의 하루 종일 머물렀다. 놀이를 할 때, 아이의 시간은 어른의 시간과 다르게 간다. 아이에게는 물리적 시간의 법칙이 적용되지 않는다. 만족을 해야만 그 시간이 종결되고 다음의 시간이 온다. 자신은 놀이가 한창인데

우이령길을 걷는 아이의 맨발.
아내와 아이가 즐겁게 대화를 나누며 맨발로 걷고 있다.

시간이 다 되었다며 그만하자는 것을 아이는 이해하지 못한다. 마치 태어난 이래 항상 맨발이었던 것처럼 아이는 편안해했다. 신발을 신고 있었더라면 그 안으로 들어가는 돌멩이들 때문에 몇 번씩이나 벗어서 털었을 텐데, 정작 맨발이 되니 그런 돌멩이 따위는 조금도 문제가 되지 않았다. 아이를 키우는 것도 그렇다. 소중하다고 감싸고돌면 조그마한 장애물에도 힘들어하며 부모의 품으로 자꾸만 파고든다. 귀한 아이일수록 놓아서 길러야 한다. 엎어지고 깨지며 스스로가 장애물을 극복하는 지혜를 터득하도록 대범하게 지켜보고 응원해야 한다.

우리는 작정을 하고 갯벌로 떠난다

우이령길을 다녀온 후 아이는 그 기억이 좋았던지, 야외로 나가면 일단은 신발을 벗고 보았다. 그게 조금 걱정이 됐다. 맨발로 걸어도 될 만큼 안전한 곳이 드물었기 때문이다. 날카로운 유리 조각이나 쇳조각이 어디에 어떻게 있을지 몰랐다. 그래서 맨발이어도 다치지 않을 곳들을 골라 아이와 다녔다. 그중 아이가 유난히 즐거워한 곳은 갯벌이었다.

우리나라는 서남 해안에 갯벌이 드넓게 형성되어 있다. 특히 서해 갯벌은 아마존 유역 연안, 미국 동부 조지아 연안, 캐나다 동부 연안, 북해 연안과 함께 세계 5대 갯벌에 속한다. 서해 갯벌은 저어새, 알락꼬리마도요, 노랑부리백로와 같은 희귀 철새들의 정거장이자 짱뚱어, 쏙, 통통마디 등 수백 종의 어류와 갑각류 그리고 염생식물이 공생하는 생물다양성의 보고다. 안타까운 사실은 이 같은 서해 갯벌이 간척사업으로 면적이 갈수록 줄어들고

맨발로 놀기 좋은 강화 갯벌.
아이가 좋아하는 갯벌 썰매 타기. 의외로 잘 미끄러진다.

있다는 것이다.

갯벌은 퇴적물의 종류에 따라 형태가 다르다. 모래가 많은 모래갯벌, 개흙질이 많은 펄갯벌, 그 두 종류가 혼재되어 있는 혼합갯벌로 크게 나뉜다. 각각의 갯벌은 당연히 맨발로 밟는 감촉이 확연히 차이 난다. 모래갯벌은 삼베처럼 조금 거칠고, 혼합갯벌은 면은 면이되 정련을 거치지 않은 광목처럼 뻣뻣한 감이 있으며, 펄갯벌은 비단처럼 부드럽다. 모래갯벌에는 백합과 동죽조개가 많은데, 이것을 잡는 우리만의 노하우가 있다. 발바닥으로 오는 자극에 집중할 수 있다면 어떤 도구도 필요 없다. 방법은 이렇다. 조개가 많을 것 같은 곳에 두 발을 가지런히 모은 후 뒤꿈치를 콱 박는다. 그리고 발을 갈듯이 모래갯벌을 비비면서 후진한다. 그러다 보면 발에 툭툭 조개가 걸린다. 혼합갯벌과 펄갯벌에는 바지락이 많다. 하지만 혼합갯벌은 단단해서, 펄갯벌은 푹푹 빠져서 이 방법을 사용하기가 불가능하다.

아이는 펄갯벌을 가장 좋아했다. 우리는 여름이면 강화도를 자주 찾았다. 강화도에는 무려 353㎢에 이르는 갯벌이 있다. 대부분 펄갯벌이다. 한강과 임진강, 예성강이 실어 온 퇴적물들이 고스란히 쌓여 형성되었다. 강화도에서도 동막리와 장화리 사이의 펄갯벌을 우리는 애호했다. 조개나 굴과 같은 패류가 많은 부분은 맨발로 다니기가 조심스럽지만, 그렇지 않은 부분은 뒹굴며 놀기에 적합하다. 게다가 넓고 한적했다. 펄갯벌에서는 다양한 인간의 표본을 볼 수 있다. 펄갯벌은 늪과 같아서, 발이 깊게 박히면 여간해서는 빠져나오기 어렵다. 물골 쪽은 단단해서 괜찮다. 아무튼 이때 어쩔 줄 몰라 엉엉 울어버리는 사람, 낑낑대며 끝내는 빠져나와 환호성을 지르는 사람, 대상을 특정하지 않고 욕이란 욕은 다 퍼붓는 사람, 자신에게 함께 가자고 했던 이에게 화를 내는 사람, 남의 도움만 바라며 멀뚱히 서 있는 사람 등 별의별 유형이 다 있다.

우리는 어디에 속할까? 음, 앞의 부류에는 포함되지 않는다. 발이 빠지는 것조차 즐거운 놀이로 여기는 쪽이기 때문이다. 우리는 작정을 하고 갯벌로 떠난다. 체면은 한 톨도 가져가지 않는다. 발이 빠졌을 때 옷이나 몸을 버리지 않고 깨끗하게 나오려다 보니 문제가 발생하는 것이다. 특히 펄갯벌에서는 절대 고상한 척하면 안 된다. 펄이 꽉 잡고 발을 놓아주지 않으면 엉금엉금 기어서 나오면 그뿐이다. 펄 범벅이 된들 대수인가? 나중에 씻고 빨면 된다. 갯벌에 가면 숨바꼭질의 명수인 칠게도 관찰하고 이따금 짱뚱어를 사냥하기도 한다. 하지만 솔직히 그것은 뒷전이었다. 우리는 항상 썰매를 준비해 갔다. 아이는 펄갯벌에서 썰매 타기를 정말 즐거워했다. 그 썰매의 말 노릇을 하는 것은 힘들기 그지없다. 그래도 아이를 위해서라면 그런 수고쯤은 아무 일도 아니다. 특별한 추억은 거저 생기지 않는다. 세상에 공짜란 없다.
앞서도 잠깐 언급했지만, 단 한 번이라도 아이와 함께 맨발로 흙길을 걷거나 갯벌에서 뒹굴고 나면 그 이후에 무척 성가실 것이다. 지구와 맨발로 접속하는 일은 굉장히 중독성이 강하기 때문이다. 아이는 자꾸만 신발을 벗으려 들 것이다. 그럴수록 부모는 맨발을 드러내도 괜찮은 곳들을 계속해서 찾아내야만 한다. 그리고 부모의 발과 몸은 흙투성이가 될 것이다. 그게 두렵다면 애초에 시작을 하지 말아야 한다. 진심을 담아 건네는 조언이다.

무지개 너머 어딘가
하늘은 푸르고
당신이 감히 꿈꾸는 것들이
이루어지는 곳
- 영화 〈오즈의 마법사〉 o.s.t. 'Over the Rainbow'

무지개를 찾아서

워즈워스의 시처럼 나는 아직도 무지개만 보면 가슴이 뛴다. 어른인 내가 그럴진대 하물며 어린 내 딸은 어떨까? 그런데 아이는 무지개를 직접 본 적이 단 한 번도 없었다. 단지 그림책에서 보아 그 존재를 알 뿐이었다. 아, 불쌍하기도 하지. 아이에게 '진짜' 무지개를 보여주고 싶었다. 하지만 마음은 그렇다고 해도 말만은 함부로 하면 안 되는데 어쩌자고 그랬을까? 기상청에서 장마가 본격적으로 시작됐다고 예보하던 초여름의 어느 날, 아이에게 한 가지 약속을 덜컥 하고 말았다.

"아빠가 이번 여름에 반드시 무지개를 보여줄게."
말을 하고 나니 눈앞이 캄캄했다. 과연 무지개를 어디서 찾아야 할까? 가뜩이나 근래에는 미세먼지 탓에 무지개가 잘 보이지도 않는다. 무지개는 햇빛이 공기 중의 물방울을 투과하는 과정에서 만들어진다. 비 온 뒤 반짝 갠 하늘에서 무지개가 자주 관측되는 이유다. 그런데 대기가 탁하면 무지개 또한 색깔의 선명도가 낮아질 수밖에 없다. 이 때문에 하늘에 무지개가 떠 있다 한들 우리 눈으로 볼 수 없는 경우가 많다. 기상청이 1974년부터 2009년까지 36년 동안 전국 13개 지역의 무지개 발생 횟수를 조사한 결과에 따르면, 갈수록 무지개를 보기가 어려워지고 있음을 알 수 있다. 1980년대 256회 발생했던 무지개가 2000년대에는 171회로 줄었다.
상황이 이런데 대체 무슨 생각으로 그런 약속을 했을까? 뭐라도 해보는 수밖에 도리가 없다. 아이에게 무지개는 비가 내리다가 홀연히 하늘이 맑게 갤 때 자주 나타나니 그런 날을 노려야 한다고 일러두었다. 우리는 잠시 장마가 소강상태를 보일라치면 습관처럼 밖으로 나가서 하늘을 살폈다.

우중 여행의 운치

그러나 집 밖은 빌딩숲, 보이는 하늘보다 가려진 하늘이 훨씬 더 넓었다. 자신이 지금 서 있는 바로 그곳이 하늘의 크기를 결정하는 법. 빌딩숲에서는 공터의 크기가 하늘의 크기다. 나를 둘러싼 빌딩들이 딱 그만큼만 하늘을 오려서 보여준다. 빌딩숲에 있으면 내가 갖지 못한 타인의 하늘에서 무슨 일이 벌어지는지 도대체 알 수 없다. 겨우 손바닥만 한 하늘의 그물에 눈먼 물고기처럼 운 좋게

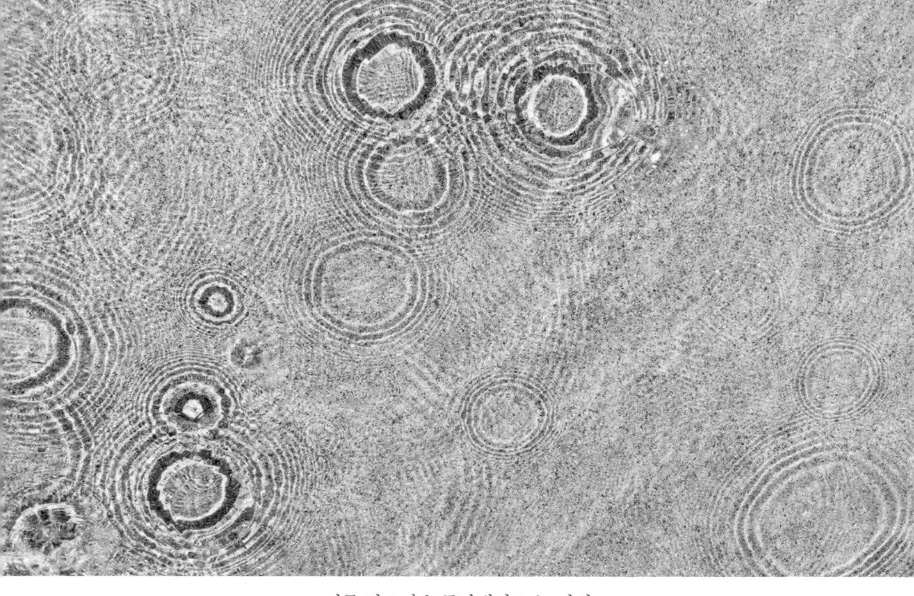

비를 맞으며 논둑방에서 노는 아이.
경기 화성의 어느 바닷가에서 우리는 얕은 바닷물을 악기 삼아 연주하는
빗방울 전주곡에 완전히 매료되었다. 빗방울이 그리는 무늬가 아름다웠다.

자주 찾아간 끝에 아이의 놀이터나 다름없어진 관곡지 연밭.

걸려들지 않는 이상, 무지개를 보기란 거의 불가능에 가깝다.
"우물에서 나가야 우물 밖이 보이겠지? 여길 벗어나서 어디든 탁 트인 곳으로 가보자."
"그사이에 무지개가 사라져버리면 어떻게 해요?"
생각해보니 그렇다. 해결해야 할 숙제만 하나 더 늘었다. 궁리 끝에 비가 그치기 전에 무지개를 관측하기 좋은 곳으로 이동하자고 뜻을 모았다. 우리는 하늘을 유심히 관찰했다. 곧 그칠 비인지 하늘을 보며 판단했다. 비가 내리는 와중에도 하늘이 환하고 햇빛이 언뜻언뜻 비치면 얼마 안 있어 갤 확률이 크다는 걸 우리는 알게 됐다. 스칸디나비아 속담 중에 이런 말이 있다. "나쁜 옷차림이 있을 뿐, 나쁜 날씨란 없다." 자동차에 우산과 우의, 장화, 보온을 위한 점퍼, 젖으면 갈아입을 여벌의 옷 등을 항상 비치해놓고 비를 기다렸다.
일기예보가 맞지 않을 때도 있었고, 하늘을 읽는 우리의 능력이 선무당 같아서 헛걸음을 할 때도 많았다. 그렇지만 그것이 꼭 나쁘지만은 않았다. 우중 여행도 충분히 운치가 있었다. 비 내리는 한적한 바다, 촉촉이 젖어서 더욱 선명한 초록으로 빛나는 들판, 고고한 연꽃조차 처량하게 고개를 늘어뜨린 연밭 등 저마다 매력이 있었다. 아이는 빗방울이 바닷물에 그리는 그림을 좋아했다. 발목이 겨우 잠길락 말락 하는 얕고 투명하고 고요한 수면에 빗방울들이 그림을 그릴 때면, 발이 시리지도 않은지 그 자리를 떠날 줄 몰랐다. 벼가 쑥쑥 자라는 초록 들판에서는 두둑을 오가며 벼 이파리에 매달린 물방울 떨기 놀이로 시간을 보냈다. 아이는 특히 연밭을 맘에 들어 했다. 우리는 경기도 시흥시 하중동에 자리한 관곡지를 자주 찾았다. 조선 세조 때 만들어진 연밭으로 무려 22만m^2에 이를 정도로 광활했다. 아이는 빗방울이 연잎을 악기 삼아서 연주하는 음악을 사랑했다. 연잎 우산을 쓰고 방죽에서 놀며 행복해했다. 방죽에서 발레리나가 되어 우아한 춤을 추기도 했다. 연잎 우산과 방죽은 훌륭한 소품과 무대가 되어주었다.

사실 우리는 조금 의기소침해 있었다. 장마가 끝날 때까지 최소한 10번은 무지개를 찾아 떠났는데, 단 한 번도 만나지 못했기 때문이다. 아이의 얼굴을 쳐다보기가 부끄러웠다. 장마가 끝나자 불볕더위가 찾아왔고, 온 나라가 찜통이 되었다. 무지개는 고사하고 더위라도 식혀줄 한줄기 소나기가 그리웠다. 그 힘든 시간을 견디자 게릴라성 호우가 쏟아지는 시기가 찾아왔다. 우리로서는 놓칠 수 없는 기회였다. 이전보다 더 긴장하며 날씨를 챙겼다. 그런데 게릴라성 호우라는 게 문제였다. 예고하고 비를 뿌리지 않았다. 기상 캐스터들은 이미 벌어진 공연을 리뷰하기에 바빴다.

무지개 너머를 꿈꾸며

운명의 그날도 마찬가지였다. 비 소식이라고는 듣지도 못했는데, 인천과 시흥 방면에 한차례 큰비가 내렸다고 했다. 뒤늦은 예보 탓을 하며 실망하고 있는데, 아이가 그래도 한번 가보자고 오히려 제안했다. 하늘이 수상하다는 것이 이유였다.

"아빠, 연꽃밭 있는 데가 저쪽 맞죠? 비가 오는 것 아닐까요? 구름이 까매요."
"가봐야 별 의미가 있을지 모르겠다. 벌써 그쪽에는 비가 그쳤다던데."
"그래도 혹시 모르잖아요. 한번 가봐요. 네?"
아이의 성화에 마지못해 그곳으로 향했다. 하지만 웬걸, 날씨가 정말로 심상찮았다. 어마어마한 속도로 구름이 흘렀다. 한순간 하늘이 파래졌다가 어느 한순간 구름으로 뒤덮였다. 구름을 순식간에 이동시키는 그 거센 바람으로 인해 지상에 뿌리를 박은 풀과 나무들이 금방이라도 뽑힐 것처럼 흔들거렸다. 그렇지만 제법 오랫동안 기다렸음에도 비는 내리지 않았다.
"괜한 기대감을 품었네. 오늘도 헛걸음이구나."
시무룩해진 아이를 다독이며 다시금 집으로 돌아가려던 바로 그때, '후드득' 빗방울이 떨어지기 시작했다. 빗방울은 점점 굵어졌다. 바람이 그 빗방울을 종잡을 수 없게 흩뿌렸다. 한 방향으로 내려야 우산으로 비를 가릴 텐데, 그런 바람 속에서는 우산을 쓰나 안 쓰나 똑같았다. 우리는 우의마저 꺼내 입었다. 놀라운 점은 그렇게 비바람이 몰아치는데, 서쪽 하늘에서 해가 비치고 있었다는 것이다. 속으로 '혹시 오늘이라면 좋은 일이 있을지도 모르겠다'고 생각했다. 무지개가 나타날 모든 조건을 갖추고 있었기 때문이다. 갑작스럽게 내리는 비와 햇빛, 그리고 이미 내린 비로 청정해진 공기까지 완벽 그 자체였다. 예상은 적중했다. 그날 우리는 꿈에도 그리던 무지개를 만났다. 그것도 하나가 아닌 두 개짜리 쌍무지개.
"와, 저게 무지개예요? 진짜 무지개? 어디 숨었다가 나타난 걸까요?"

수많은 시도와 오랜 기다림 끝에 만난 무지개. 그것도 쌍무지개였다.

생애 처음으로 하늘에 걸린 무지개를 본 아이는 숨도 쉬지 않고 질문 보따리를 풀었다. 아이에게 무지개가 무엇이며 어떻게 생기는 것인지 꾸밈없이 말해주었다. 어떤 이는 동심을 지켜줘야 하는 것 아니냐고 따끔하게 지적할 수도 있을 것이다. 하지만 나는 과학이 동심을 파괴한다는 데 동의하지 않는다. 어설피 아는 사람만이 경외감을 섣불리 지워버린다. 깊이 파고드는 사람은 자연의 자그마한 변화 하나까지도 경외감을 가지고 바라본다. 그것이 불러올 나비 효과 또는 그것을 불러온 나비의 첫 날갯짓을 알기 때문이다. 그렇게 과학적 경외감은 동심이 품었던 경외감의 자리를 대체한다.

나는 무지개에 대해 과학적으로 설명을 해주면서도, 누군가를 아프게 하는 전쟁과 굶주림, 차별, 기만, 부패 따위는 어디에서도 찾아볼 수 없고 오로지 사랑만이 가득한 아름다운 세계가 무지개 너머 어딘가에 존재한다는 믿음을 가지고 있노라 아이에게 말했다. 나는 환상에 의지해 사는 사람이 아니다. 그저 무지개 너머를 꿈꾸는 사람일 뿐이다. 그런 세계를 꿈꿀 수조차 없다면 마음이 얼마나 삭막할까. 은폐된 저 침묵의 바다에서 힘 모아 진실을 건져 올릴 용기인들 날까. 언젠가 아이가 불러준 동요 중에 이런 소절이 있다.

"꿈꾸지 않으면 사는 게 아니라고, 별 헤는 마음으로 없는 길 가려 하네. 사랑하지 않으면 사는 게 아니라고, 설레는 마음으로 낯선 길 가려 하네……."

무지개 너머를 꿈꾸며 작은 힘이나마 보태다 보면 그런 세계가 눈앞에 펼쳐지는 순간이 기적처럼 찾아올 거라고 확신한다. 내 아이가 어른이 되어 살아갈 세계는 그런 곳이면 좋겠다. 만약 때가 일러서 그렇게 되지 못하더라도 쌍무지개를 처음 본 날을 떠올리며, 아이가 또한 그 자녀와 무지개 너머를 꿈꾸길 진심으로 바란다.

자연을 경험하는 가장 좋은 방법은
먼 곳을 여행하거나 색다른 곳을 방문하는 것이 아니라,
그저 자연 속에 가만히 앉아 있는 것이다.
- 톰 & 주디 브라운 『여우처럼 걸어라』

온몸으로 느끼고 즐기는 숲

생애 여덟 번째 맞는 크리스마스를 3주쯤 앞두고, 아이가 종이 상자를 하나 구해달라고 부탁했다. 우편함을 만드는 데 필요하다고 했다. 서로에게 고마움을 전하는 편지를 써서 그 우편함에 넣어두었다가 크리스마스 당일 저녁에 꺼내어 읽자는 것이었다. 나는 대충 "올 한 해도 대단히 고마웠다. 말썽 부리지 않고, 엄마 아빠 말 잘 듣고, 건강하게 커주고, 공부도 알아서 하고, 음식 가리지 않고, 아침에 잠투정 안 하고, 그 밖에도……, (아무튼) 모두 고마웠다"고 흔해빠진 칭찬으로 아이를 기쁘게 해줌으로써 의무를

이행하자 생각했다. 그런데 문득 아이에게 정말로 고마운 것이 떠올랐다. 숲에서 되레 아이로부터 배운 것에 관해서였다. 나는 숲에서 있었던 일들을 찬찬히 더듬으며 한 줄 한 줄 편지를 써 내려갔다.

사랑하는 딸 서정에게

돌아보면 우리는 그간 참 많은 여행을 함께했구나. 그중 가장 기억에 남는 곳을 꼽으라면 아무 고민도 하지 않고 숲을 선택할 거야. 숲은 우리에게 전혀 특별할 것이 없는 공간이었잖니? 틈만 나면 우리는 숲에 찾아갔지.

어떤 장소를 잘 알고 싶다면 무엇보다 오래 머물러야 한다고 네게 여러 차례 말한 적 있어. 그래야지만 처음에는 안 보이던 것들도 하나씩 눈에 들어오는 법이라고 말이야. 네가 세 살 때 이사를 온 뒤로 우리는 동네 숲을 집 드나들듯 다니기 시작했어. 처음에는 낯설기만 했던 숲인데, 이제는 어떤 나무가 어디에 있는지, 무슨 꽃이 언제 피고 열매는 또 언제 익는지, 오솔길은 어디로 이어지는지, 딱따구리가 어느 나무에 구멍을 팠는지, 기회를 엿보던 다람쥐가 그중 어떤 구멍을 차지했는지 다 알게 됐구나.

먼 곳을 여행할 때도 우리는 숲 속이나 숲 가까이에 숙소가 있는지부터 우선 살폈어. 숲은 그 자체로 든든한 보험이었지. 비가 내리거나, 센 바람이 불거나, 눈이 내려서 미리 짜놓은 일정을 엉망으로 만들더라도 숲은 자기가 있으니 너무 염려하지 말라고 다독여주었어. 진짜 그랬어. 날씨와 상관없이 숲은 항상 좋았어. 비에 젖은 숲에서는 가지와 잎에 매달린 물방울 보석이 찬란했지.

숲은 아이를 모험가로 만든다.
언제나 숲은 우리의 가장 든든한 보험이었다. 눈과 비가 와도 바람이 불어도
숲은 그 자체로 좋았다.

축축한 공기 속에는 진한 숲의 향기가 녹아 있었어. 달팽이는 비가 좋아서 나오고, 지렁이는 땅속으로 파놓은 집에 물이 들이차서 나왔어. 새들은 이때를 노려 두 느림보에게 달려들었지. 비는 그렇게 숲을 일깨웠어.
센 바람이 휘몰아치는 숲에서 넌 무섭다며 내 품으로 파고들었지. 하지만 우린 그 숲을 떠나지 않았어. 그리고 너는 차츰 그곳에 적응을 했어. 부러진 자그마한 나뭇가지를 주워서 지휘를 시작했지. 너는 센 바람 그 자체인 마에스트로였다. 네가 지휘봉을 휘두를 때마다 나무들이 끼걱대고, 나뭇잎들이 바르르 떨고, 풀들이 이리저리 내동댕이쳐지면서 신음했지(사실은 그것들이 소리를 낼 때마다 네 지휘봉이 그 방향으로 향했지만). 어쨌든 시간이 흐르고 마침내 센 바람도 시간을 따라서 흘러갔어. 그리고 숲은 아무 일도 없었다는 듯 평화를 찾았지. 영원히 이어지는 시련이란 세상 어디에도 없는 법이니까. 모든 시련은 한때의 센 바람 같다는 걸 반드시 기억하렴.
눈 쌓인 숲에서는 모든 색이 지워졌지. 눈은 최고의 화가였어. 하얀색 하나밖에 쓸 줄 모르는 화가이긴 했지만. 그 하나의 색을 가지고도 얼마나 멋지게 숲을 바꾸었는지 우리는 알지. 아침에 일어났을 때, 우리는 어떻게 그곳에서 빠져나가야 하는지 걱정부터 해야 했음에도 그저 눈 덮인 숲을 돌아다녔어. 될 대로 되라지. 눈은 나 같은 어른도 마냥 해맑은 아이로 만들었어. 그래서 너와 나는 눈 위에서 죽이 잘 맞았지.
그런데 너에게 사과해야 할 게 있단다. 별것도 아닌 지식으로 숲에 대해 가르치려 들었던 부분이야. 나는 밭을 만들거나 종이를 생산한다는 이유로 매일같이 얼마나 많은 숲이 사라지고 있으며, 킬링 곡선이라는 게 있는데 이게 또 어쩌고저쩌고 일장연설을 해댔지. 지루해하는 게 당연한데 그런 너를 보며 "중요한 이야기를 왜 집중해서 듣지 않느냐?"고 꾸짖었어. 그뿐만 아니라 이렇게도 떠들어댔지. 숲에서 분비되는 테르펜이 정신을 맑게 해주고 우리 몸의 면역력도 높여주니 또 어쩌고저쩌고…….

어린 너를 두고 나는 대체 무슨 짓을 해댔던 것일까? 아, 쥐구멍에라도 들어가고 싶은 심정이구나. 숲의 필요성을 깨닫게 해주고 싶었다지만, 사실 너는 내 말이 아니라 네 몸으로 그것을 알아냈어. 숲에만 들어가면 너는 평생 안고 가야 할지도 모르는 부비동염으로 막힌 코가 뻥 뚫렸으며, 달고 살다시피 하던 기침도 숲이 만들어낸 신선한 산소 덕분인지 테르펜 덕분인지 금세 멎었어. 숲에만 다녀오면 연약한 피부를 괴롭히는 가려움증도 없어졌어. 다행히 너는 내 바보 같은 아는 체에도 숲에 대한 흥미를 잃지 않았지. 나는 그 점을 고마워하고 있어. 그런데 더 고마운 것은 오히려 네가 나에게 숲을 대하는 자세를 가르쳐주었다는 점이야.

너에게 숲은 놀이터였지. 너는 그 숲을 단지 즐겼어. 동네 숲에는 너만의 비밀 기지가 있었고 수많은 모험의 무대가 되었어. 족제비인지 오소리인지 모를 녀석의 흔적을 추적하기도 했고, 한여름의 햇살로 데워진 큰 바위에 올라가 낮잠을 자다가 사마귀의 공격을 받기도 했어. 보리수 열매와 버찌, 밤, 도토리, 찔레꽃은 비상식량이었으며, 칡넝쿨은 사냥해서 잡은 것들을 도망가지 못하게 묶을 밧줄이었지. 너는 다치기도 많이 했어. 툭하면 팔과 다리, 심지어 얼굴에도 상처를 입었지. 그러나

아이는 숲을 즐길 줄 알았다. 인디언이 되어 사냥감을 추적하기도 하고,
나무를 껴안아 소리를 듣기도 하고, 큰 나무에 올라가 놀기도 했다.

숲의 모든 게 아이의 재료였다. 낙엽으로 그림을 그리고, 꽃과 풀 따위를 이용해 무당벌레를 만들고, 솔방울로 바닷속 세상을 표현하기도 했다.

아파하고 어리광을 부리기보다 즐거워했어. 강원도의 어느 숲에서 인디언으로 변신한 너는 용감하게 사냥에 나섰지. 아직 어설픈 사냥꾼이어서 너에게 잡힐 동물은 없었지만, 그와 상관없이 쌍안경을 들고 숲을 탐색할 때는 좀 멋졌어. 그때 너는 직접 만든(그림 그리는 걸 내가 조금 돕기는 했었지, 아마) 인디언 모자도 썼지. 그런데 충청도의 또 다른 어느 숲에서 너는 풀을 뜯어 그 인디언 모자를 쓱싹 만들었어. 너는 진실로 야생의 아이 같았어. 망아지처럼 튼튼한 다리로 족히 30분은 걸어야 하는 가파른 숲길을 불평 하나 없이 올라갔으니까. 그 끝에는 너를 미소 짓게 만들었던 오디가 탐스럽게 열려 있었어. 분화구 습지에서는 물장군이 먹이를 잡아먹고 있었어. 맹꽁이 울음소리도 들렸어. 거대한 왕버들이 모여 있는 어느 숲에서는 그 나무들을 몇 그루나 타고 올라갔는지 혹시 기억하니? 그걸 보는 내가 다 아찔해서 제명에 못 죽을 것 같았어. 그런데 곰곰 생각해보니 나 역시 어렸을 적에 그렇게 나무에 오르는 것을 좋아했던 기억이 나는구나. 고향집 앞에 어마어마하게 큰 팽나무 한 그루가 있었다는 말을 한 적이 있을 거야. 높이가 20m는 훌쩍 넘을 정도였다고도 했을 거야. 그 나무에서 동네 아이들은 자신의 용기를 시험했지. 누가 더 높이 올라가는지 경쟁이 붙었어. 나는 그 나무를

일찌감치 정복했어. 아마도 초등학교 입학 전후였던 것 같아. 그런 내가 이제는 나무에 오르는 네 모습만 보아도 겁을 내다니.
숲의 모든 것들은 네 그림의 재료였지. 너는 100개쯤 되는 솔방울을 모아서 땅바닥에 바닷속 풍경을 펼쳐 보여줬어. 그런데 그때 우리는 그 숲에서 막 캠핑을 마치고 집으로 돌아가려던 참이었어. 나는 지쳐 있었지. 그래서 네가 솔방울 그림을 완성하도록 느긋하게 기다려줄 수 없었어. 너는 그런 나를 이해해줬지만 이제 와 생각하니 미안하기 짝이 없구나. 언젠가 너는 또 나뭇잎과 꽃잎을 따다가 무당벌레를 만들기도 했지. 노랑 개나리 꽃잎은 머리, 초록 나뭇잎은 몸통, 붉은 동백 꽃잎과 진달래 꽃잎은 등판의 점, 여린 싹이 붙은 나뭇가지는 다리와 더듬이가 되었어. 진짜 무당벌레와는 색깔이 달랐지. 내가 그 점을 지적하자 너는 이렇게 말했어. "어딘가에 이런 무당벌레가 있을지도 모르잖아요?" 너는 알록달록한 낙엽을 주워서 해와 달과 네덜란드 사람을 만들기도 했지. 나는 지금도 왜 그게 네덜란드 사람인지 이해를 못 하겠구나. 깃털을 머리에 꽂은 것 같은 그 모습은 영락없는 인디언 추장이라서 말이야. 왜 네덜란드 사람인지 설명 좀 해줄 수 있겠니? 그리고 너는 두 팔을 벌려서 나무 껴안는 걸 좋아했지. 나무를 가만히 안고 있으면 따스한 온기가 전해진다고 했어. 나무의 소리가 들린다고도 했어. 꿀렁꿀렁 나무가 빨아들이는 물소리가 들리고, 새들이 나무에 앉거나 떠나가는 소리도 들린다고 했어. 벌레들이 꾸물꾸물 기어가는 소리도 들린다고 했어.
숲에서 노는 네 모습들을 보면서 나는 숲을 대하는 자세에 대해 다시금 생각하게 되었단다. 나처럼 머리로 아는 것은 소용없어.

숲은 너처럼 가슴으로 받아들여야 해. 숲의 모든 것들을 몸으로 느껴야 해. 숲은 공식이 아니야. 숲은 이론이 아니야. 숲은 수많은 생명들의 숨이니까.

반성해야 할 게 많은 나지만, 그나마 잘한 구석도 있는 것 같다. 나는 사람들이 숲을 떠나는 계절에도 너를 데리고 숲을 자주 찾았지. 너는 숲의 사계절을 누구보다 가까이서 지켜보았어. 그렇게 몇 년이 흐르는 동안 너는 계절과 생명의 순환에 대해 어렴풋하게나마 이해하게 되었지. 모든 것이 끝난 듯이 느껴지는 황량한 겨울이 지나면, 거짓말처럼 새 생명이 움트는 봄이 오고, 그것들이 자라서 풍성한 여름을 맞고, 가을이 되어 화려하게 불태우고, 다시 소멸의 겨울로 가서 탄생의 봄으로 이어진다는 사실을 말이야.

무엇보다 뿌듯하게 생각하는 것은 네가 숲을 가까이하고 나서 평소에도 관심을 두고 자연을 바라보게 됐다는 점이란다. 가령 너는 학교를 오가며 만나는 자연의 변화에 대해 엄마와 내게 시시콜콜 이야기하잖니? "언덕길에 드디어 매화가 피기 시작했는데 향기가 얼마나 달콤한지 모르실걸요" "빨갛던 버찌가 까맣게 익었어요. 하지만 아직 먹기에는 일러요. 엄청 쓰거든요" "교실 창문을 열고 있으면 뒷산에서 아까시꽃 향기가 같이 놀자고 들어와요" "은행나무들이 노란 옷으로 갈아입기 시작했어요. 단풍나무는 아직 초록색이에요" "큰길에 키가 크고 곧장 뻗은 나무들 있잖아요? 오늘 바람이 좀 세게 불었는데 낙엽이 막 비처럼 내렸어요"……. 너는 네가 있었던 시간과 장소로 우리를 단숨에 초대하지. 너무나도 생생한 네 이야기를 들을 때면 내가 마치 그곳에 서 있는 듯한 기분마저 들면서 행복감에 빠져든단다. 그건 엄마도 마찬가지일 거야. 이 또한 고마운 점. 이렇게 편지를 쓰다 보니 네게는 온통 고마운 일밖에 없구나. 얘야, 정말 고맙다. 그리고 사랑하고 또 사랑한다.

아빠가.

1. 바람 불어 좋은 날

여행 목적은? 바람이 부는 날은 왜 위험하다고만 생각하지? 조심만 하면 이렇게 재밌는데. 정말 위험한 건 위험하다고 습관적으로 말하며 금지옥엽처럼 싸고도는 것. 좀 더 대범해지면 훨씬 많은 즐거움을 얻을 수 있다는 사실 깨닫기.

어디로 갈까? 센 바람이 불더라도 안전한 곳들을 찾아야 한다. 흙먼지가 많은 건조한 땅은 안 된다. 흙먼지가 숨구멍을 막아버린다. 모래가 많은 곳도 안 된다. 모래가 비처럼 날아든다. 적치물이 있는 곳도 안 된다. 바람에 날려서 덮칠 수 있다.

[본문 여행 중] 아프리카를 방불케 할 정도의 드넓은 초원이 형성되어 있는 경기도 화성시 송산면 우음도.

필요한 것은? 매일매일 일기예보를 청취하는 성실함, 센 바람을 마냥 기다릴 수 있는 인내심, 센 바람에도 당당히 맞서는 의연함, 그리고 하늘로 몸을 띄워줄 커다란 천 조각들.

2. 맨발로 느끼는 지구

여행 목적은? 신발이 앗아가 버린 맨발의 즐거움 찾아주기.

어디로 갈까? 대전 계족산 황톳길, 부산 땅뫼산 황톳길, 서울 초안산 맨발길, 문경새재, 장성 축령산 편백맨발길 등 신발을 벗고 걷기 좋은 길들이 많다. 갯벌은 서남 해안 어딜 가나 쉽게 만나볼 수 있다.
[본문 여행 중] 맨발로 걸을 만한 곳을 물색하다 괜찮은 길을 찾았다. 서울 강북구 우이동과 경기 양주시 장흥면 교현리를 잇는 6.8km의 우이령길. 국립공원관리공단이 조성한 북한산둘레길 총 71.5km의 마지막 구간이다. 무려 353㎢에 이르는 갯벌이 있는 강화도 또한 가볼 만하다.
필요한 것은? 잠깐 체험하고 말 것이 아니라면 도시락과 물을 챙기는 것이 좋다. 갯벌에는 썰매를 챙겨 가면 아이들과 즐겁게 놀 수 있다.

3. 무지개를 찾아서

여행 목적은? 무지개가 보고 싶다면 무지개를 볼 수 있는 곳으로 가야 한다. 뭔가를 원한다면 그걸 얻기 위해 움직여야만 한다는 사실 깨닫기.
어떻게 할까? 비가 내리다가 화창하게 갠 직후, 해가 비치는 반대편 하늘에 무지개가 뜬다. 게릴라성 호우가 빈번히 내리는 여름은 무지개를 관찰할 적기다. 대신 말 그대로 게릴라처럼 비를 잠깐 흩뿌리기 때문에 정신 똑바로 차리고 하늘을 관찰해야 한다. 주변 지역에 비가 올 것 같으면 잽싸게 달려가야 한다. 일기예보는 비보다 늦기 일쑤다.
필요한 것은? 언제든 무지개를 찾아 떠날 수 있도록 우산, 우의, 장화, 보온을 위한 점퍼, 젖으면 갈아입을 여벌의 옷 등을 항상 자동차에 비치해놓고 비를 기다렸다.

4. 온몸으로 느끼고 즐기는 숲

여행 목적은? 언제나 우리에게 즐거움을 주는 숲과 그 숲을 제대로 느끼는 법을 가르쳐준 아이에게 고마움 전하기.

필요한 것은? 아이에게 편지를 쓰기 위해 펜을 들 용기가 필요하다. 아이에게 진심을 담아 편지를 한번 써보자. 매번 편지를 받기나 했지, 언제 아이에게 써본 기억이 있던가. 부모가 쓴 편지를 받으면 아이가 얼마나 좋아하는지 당신은 모른다. 게다가 편지를 쓰노라면 자신이 얼마나 아이를 사랑하는지, 아이가 얼마나 행복을 주는 존재인지 알게 된다.

생각하기 싫다고 미뤄두기만 하면
결코 안 되는 것들이 있다.

시대에 뒤처졌다고 한심하게 여겼던 것들이
사실은 더 가치 있을 때가 있다.

그런 것들을 아이와 나는 기꺼이 마주했다.

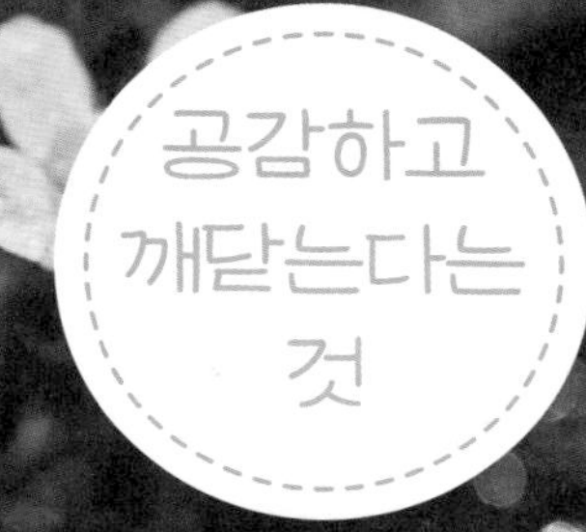

공감하고 깨닫는다는 것

생명은 자연의 가장 아름다운 발명품이다. 그리고 죽음은 많은 생명을 갖기 위해 자연이 지니고 있는 기교다.
- 요한 볼프강 폰 괴테 『자연단장』

죽음이 무서운 아이와 떠나는 여행

아이가 네 살 때 일이었다. 하루는 아이가 어린이 문화센터에서 금붕어 한 마리를 받아 왔다. 물고기라고는 키워본 적 없었지만, 우리는 수돗물을 이삼일 받아두었다가 갈아주기도 하고 먹이도 때를 놓치지 않고 주는 등 나름 열심히 키웠다. 그러나 금붕어는 하루가 다르게 시름시름 기운을 잃어갔다. 그러던 어느 날 아침 결국 배를 뒤집은 모습으로 발견되었다. 외로움이 사무쳐 병이 됐던 걸까? 외로움이야말로 내성이 없으니. 우리는 금붕어를 양지바른 곳에 정성껏 묻어주었다.

그때까지만 해도 아이는 죽는다는 게 뭔지 잘 몰랐다. 지금이야 그렇다 쳐도 언젠가는 다시 볼 수 있을 거라고 생각하는 것 같았다. 이듬해 더 끔찍한 죽음의 장면을 현장에서 두 눈으로 목격하고 나서야 아이는 죽음을 실감했다. 경주 양동마을 여행 중이었다. 1톤 트럭이 흙길 위로 기어가던 조그만 뱀을 깔아뭉갰는데, 하필 아이 앞이었다. 처참하게 짓이겨진 조그만 뱀을 보면서 아이는 울먹이며 물었다.

"아기 뱀은 이제 엄마 뱀이랑 어떻게 만나요? 엄마 뱀이 아기 뱀을 찾고 있을 텐데……."

나는 아이가 받을 충격이 걱정됐지만, 잠시 고민하다가 사실대로 말해주었다.

"안타까운 일이기는 한데 다시는 만날 수 없어."

"왜요? 누가 그렇게 하는 건데요?"

"죽음이 그러는 거란다."

"그럼 저도 죽으면 엄마 아빠를 만나지 못해요?"

"그렇지. 죽음이 갈라놓는다면. 하지만 그건 아주 먼 훗날의 일이야. 네가 할머니가 될 때쯤이나 일어날까? 벌써부터 걱정할 필요는 없단다."

성(性·sex)과 함께 부모들이 가장 곤란해하는 아이들의 질문이 바로 죽음이다. 많은 부모들이 "쓸데없는 소리"라며 질문을 차단하거나 무시하고 본다. 하지만 그 두 가지야말로 어려서부터 정확히 알려줘야 한다고 생각한다. 잘못된 가치관은 똑바로 보지 못하게 강제할 때 자리 잡는 법이다. 나는 아이가 최대한 충격을 덜 받고 자연스럽게 성과 죽음을 바라볼 수 있도록 교육하는 게 부모의 역할이라고 믿는다. 특히 죽음과 관련해서만 보자면 그것을 아무렇지도 않게 대화의 주제로 삼을 수 있어야 한다고 생각한다. 죽음은 현재와 과거를 돌아보고 미래를 계획하도록 만들기 때문이다. 죽음을 입에 올릴 때만큼 자신에게 솔직해지는 순간은 거의 없다.

죽음만큼 공평한 것도 없을걸

엄마 아빠를 만나지 못한다. 영원히 헤어진다. 혼자가 된다……. 아이는 뱀 사건 이후로 좋아하는 애니메이션을 보거나 책을 읽다가도 죽음과 이별의 장면이 나오면 의도적으로 회피하는 등 우울해하고 정신적으로 혼란스러워했다. 나는 아이를 그냥 둘 수가 없었다. 그래서 아이를 위해 죽음이 무엇인지 함께 생각해보는 여행을 계획했다. 주제는 무거웠지만 막상 떠난 여행 자체는 재미있었다.

일단 죽음이 무섭기만 한 것이 아니며 누구에게나 자연스럽게 찾아오는 것임을 보여주고 싶었다. 우리는 죽음의 공간을 익숙한 풍경처럼 무덤덤하게 만나볼 수 있는 고인돌 유적지로 길을 잡았다. 고인돌 유적이 유네스코 세계문화유산으로 등재된 나라는 대한민국이 유일하다. 한반도에 무려 4만여 기의 고인돌이 존재하는 것으로 파악되고 있다. 전북 고창군, 전남 화순군, 인천 강화도를 중심으로 보존 상태가 훌륭한 고인돌 유적이 집중돼 있다. 강화도 부근리에서 고인돌을 생애 처음 보았을 때 아이는 그것이 2천~3천 년 전에 만들어진 무덤이라는 데 한 번, 말만 들어도 무서운 무덤 곁에 서 있음에도 아무렇지 않다는 데 다시 한 번

해거름 녘 고창에서 고인돌을 올려다보는 아이.
화순 핑매바위고인돌. 아이의 측정에 따르면 둘레가 27m쯤 된다.

놀랐다.
"이 바위가 무덤이라고요?"
"사실이야. 무덤의 모양은 시대와 지역에 따라 차이가 많이 나. 이집트 왕들의 무덤인 피라미드와 조선 시대의 왕릉만 봐도 다르지 않아?"
우리는 강화도를 시작으로 고창군과 화순군까지 천천히 고인돌 여행을 이어갔다. 강화도의 고인돌은 띄엄띄엄 흩어져 있는 탓에 자동차로 찾아다니느라 조금 피곤했지만, 고창과 화순의 고인돌은 공원으로 지정된 곳에 대부분 모여 있어서 여유롭게 살펴볼 수 있었다. 아이와 나는 커다란 고인돌 주위를 돌면서 술래잡기도 하고, 고인돌에 기대어 쉬다가 꾸벅꾸벅 졸기도 했다. 아이는 아득히 먼 옛날 만들어진 무덤 사이를 당당히 누비는 자신이야말로 세상에서 가장 용감한 사람이라면서 으스댔다.
그런데 화순고인돌공원에서 집채만 한 핑매바위고인돌을 만났을 때였다. 엄청난 규모에 압도당한 아이가 대체 누가 묻혔기에 이처럼 크냐며 고인돌 주인의 정체를 몹시 궁금해했다.
"글자를 사용하던 시대에 만들어진 게 아니라서 안타깝게도 알 수가 없어. 고인돌이 크면 클수록 그 주인의 힘이 강했다는 정도만 알려져 있지. 그런데 말이야. 그 사람이 아무리 대단한 삶을 살았든 결국 죽기 마련이야. 죽지 않는 사람이 있다는 소리를 아빠는 들어보지 못했어. 죽음만큼 공평한 것도 없을걸. 다만 네가 이 고인돌의 주인이 누군지 궁금해하듯이 사람은 죽더라도 다른 사람의 입에 오르내리면서 기억되는 거란다. 물론 어떻게 기억될지는 자기 자신에게 달려 있지. 이해가 되니?"

아이에게 설명을 하면서 나 역시 삶과 죽음에 대한 생각이 깊어졌다. 정작 질문을 한 아이는 듣는 둥 마는 둥이었다. 아이는 자신의 두 팔을 줄자 삼아 핑매바위고인돌의 둘레를 재느라 바빴다.
"정확히 스물일곱 번이에요."
아이가 두 팔을 벌렸을 때 손끝에서 손끝까지 대략 1m.
핑매바위고인돌의 둘레는 27m라는 계산이 나왔다. 고인돌이라는 오래된 무덤에서 우리는 이렇게 놀았다.

죽으면 내 마음도 없어지는 거예요?

나는 죽음이 자연의 순환 과정 가운데 일부라는 사실도 알려주고 싶었다. 그래서 우리는 강원도 양양군의 젖줄인 남대천으로 연어를 마중 가기도 했다. 남대천은 동해안에서 연어의 회귀가 가장 활발한 강으로, 죽음을 직접 목도할 수 있는 곳이다. 해마다 10월이면 넓은 바다에서 성장한 연어들이 알을 낳기 위해 수만 km의 험난한 길을 거슬러 고향 남대천으로 어김없이 돌아온다. 이 시기 남대천에서는 영화 〈흐르는 강물처럼〉의 그 아름다운 플라이낚시 장면을 흔하게 볼 수 있다. 연어를 많이 잡을 욕심에 이따금 투망을 던진다든가 훌치기 수법을 사용하는 이들도 눈에 띄는데, 양양군에서 명백히 금지하는 낚시 행태다. 연어의 씨를 말리다시피 하기 때문이다. 연어는 낮 동안 수초나 갈대가 많은 곳에 은신하다가, 해가 기울기 시작하면 슬슬 나와서 산란 장소로 이동한다. 최대한 은밀하게 상류를 향해 나아가지만 결코 녹록지 않다. 특히 남대천 본류와 지류에 수없이 설치된 보는 연어의 회귀를 가로막는 가장 큰 장애물이다. 이곳을 통과해야만 강을 거슬러 올라갈 수 있는데,

남대천연어축제에서 연어를 잡고 즐거워하는 아이.

보가 너무 높아서 넘지 못하고 죽는 연어들이 속출한다. 물고기 통로라고 할 수 있는 어도를 만들어놓기는 했지만, 물 흐름상 그곳을 이용하는 연어는 많지 않다. 어쨌든 이 고비를 무사히 넘긴 연어만이 자기가 태어난 자리로 갈 수 있다.

직접 잡은 연어로
탁본을 떴다.

우리가 남대천을 찾았을 때는 마침 연어축제 기간이었다. 먼 길을 헤엄쳐 온 연어는 결국 알을 낳고 죽는다. 처음에는 그 죽음의 귀향을 축하한다는 것이 마음에 걸렸다. 그러나 달리 생각해보면, 주어진 삶을 온전히 살아내고 알을 낳는 마지막 소임을 다하기 위해 태어난 고향으로 돌아오는 길이니, 축하받을 일이기도 하다는 생각이 들었다.

축제 프로그램 중에는 '맨손으로 연어 잡기'도 있었다. 수산과학원 영동 내수면연구소 측에서 인공 부화를 시킨 후 방류했던 치어 중 돌아온 것을 잡아서 가두었다가 축제객들을 위한 사냥감으로 이용한다. 한 사람당 한 마리만 잡을 수 있다. 어떤 도구를 써서도 안 된다. 물속을 재빠르게 헤엄치는 연어를 단지 맨손으로만 잡아야 한다. 고도의 순발력이 요구된다. 아이와 나도 용감하게 도전했다. 허탕 치는 사람들도 더러 있었다. 무작정 연어를 쫓다가는 우리도 마찬가지 신세가 될 것 같았다. 작전을 세웠다. 아이가 귀퉁이 쪽으로 연어를 몰면 내가 잡기로 했다. 우리는 몇 차례 실패를 거듭하다가 겨우 성공했다. 한 마리를 잡고 나니 요령이 생겨서 나머지 한 마리는 금방 잡을 수 있었다. 아이는 잡은 연어 중 큰 것으로 탁본을 떠서 추억의 증거물을 남겼다.

즐거운 시간을 보내고 집으로 향하는 길, 그러나 우리의 대화는 사뭇 진지했다.
"연어는 다시 바다로 갈 수 없다는 걸 알아요?"
"글쎄."
"연어는 바보예요. 나 같으면 절대 강으로 돌아오지 않을 텐데."
"어쩌면 바보일 수도 있겠다. 하지만 모든 살아 있는 것들은 자식을 남기려는 본능이 있단다. 연어에게는 자기가 태어난 고향에서 알을 낳아야만 하는 숙명 같은 게 있는 것 같아."
"알을 낳자마자 바로 죽어요?"
"강을 거슬러 오르면서 힘을 대부분 쓰고, 알을 낳으면서 나머지 힘을 모조리 쓰지. 그러고도 살 수 있는 연어는 없어. 슬픈 일이기는 한데, 연어의 죽음은 남대천이라는 강에 굉장히 도움이 돼. 왜냐하면 자기 몸을 남대천에 사는 새와 물고기와 너구리와 수달 같은 야생동물들에게 내주거든. 일부는 강물에 분해되어서 미생물들의 먹이가 되기도 하고. 사실 모든 생물의 죽음이 이와 같아. 죽음으로써 다른 것들을 살아가게 하지."
"사람은 다르잖아요. 사람은 죽으면 땅속에서 살잖아요."
아이는 사람의 죽음이 땅 위에서의 삶을 마치고 땅속에서의 삶을 시작하는 것으로 이해하고 있었다. 아이는 고인돌 아래에서 사람들이 여전히 살고 있지 않느냐면서 의아한 표정을 지었다.

아이는 죽음과 삶의 개념을 여전히 정확하게 알지 못했다.
"아니야. 그렇지 않아. 죽으면 그것으로 끝이야. 더 이상 살지 않는다는 뜻이지."
"어디에서도요?"
"그래. 어디에서도. 죽으면 우리 몸은 썩어서 흙이 되어 자연으로 완전히 돌아가는 거야."
"죽으면 내 마음도 없어지는 거예요?"
아이의 질문은 끊임없이 이어졌다.
"글쎄. 그걸 영혼이라고 부르기도 하는데, 죽으면 어떻게 되는지는 솔직히 아빠도 모르겠어. 몸과 영혼이 함께 죽는다는 사람도 있고, 몸은 죽지만 영혼만은 남는다는 사람도 있고."
"아빠 생각은요?"
"아빠는 부디 영혼이 남아 있었으면 좋겠어. 너를 사랑하는 내 마음도 영원히 사라지지 않게."

흘려보낸 삶의 시간이 죽음의 표정을 만든다

고인돌이나 연어를 찾아 떠났던 것처럼 특별히 시간을 따로 낸 적은 없지만, 우리는 여러 여행 중에 각종 동물이나 곤충의 말라비틀어진 사체와 탈피한 껍데기 따위를 누가 먼저 발견하는지도 내기를 하곤 했다. 이 놀이는 그것들이 사는 환경에 대해 이야기할 수 있는 기회이며, 죽음을 대수롭지 않게 생각하는 데도 도움을 주었다.
이런 다양한 여행을 했음에도 아이는 여전히 죽음과 이별을 떠올릴 때면 가슴 아파하고 슬퍼했다. 당연한 일이다. 그렇지만

매미 번데기와 말라비틀어진 개구리 사체를 발견했다고 자랑하는 아이.

예전과 달리 스스로 그 감정을 추스를 줄 알았다. 아이가 일곱 살 때 일이었다. 한번은 책을 읽다가 '가시고 없다'가 무슨 뜻이냐고 묻는 것이었다. 아이는 『자연관찰일기』[13]라는 책의 95쪽을 읽던 중이었다. 아버지의 빈 의자와 어머니의 빈 책상이 그려진 그림에 짧은 설명이 달려 있었다. '부모님들은 가시고 없다, 이제는 여동생과 가족들…….' 아이의 눈에는 이미 눈물이 그렁그렁 차 있었다. 아이는 애써 참다가 서럽게 울기 시작했다. 1년 전만 하더라도 닷새는 갔을 울음이었다. 하지만 죽음과 동행하는 수많은 감정은 겨우 10분 남짓밖에 아이를 지배하지 못했다.

아이는 또한 '죽음'이라는 말을 겁내지 않고 입에 올릴 수도 있게 되었다. 1학년 때 선생님께서 '세 가지 소원'을 주제로 글을 써 오라고 내준 숙제에 대한 아이의 작문이다.

나의 소원 세 개

1. 우리 가족 건강하기.

이유: 건강해야지 오래 살고 안 힘들고 튼튼하니까.

2. 우리 가족 행복하기.

이유: 행복하게 살아야지 인생이 안 괴롭고 악몽 안 꾸지.

3. 우리 가족 후련하게 살기.

이유: 속 시원하게 살아야지 인생 끝날 때 후련하게 죽으니까.

아내와 나는 아이의 글을 읽으면서 정말이지 오랜만에 실컷 웃었다. 그런데 나는 지금 이 글을 쓰면서 아이의 작문이 단순히 웃기기만 한 것이 아님을 깨달았다. 아이는 '속 시원하게 살아야지 인생 끝날 때 후련하게 죽는다'고 했다. 속 시원하게 산다는 것은 후회를 남기지 않는다는 뜻이다. 나를 사랑하고, 나의 일을 사랑하고, 내가 사랑하는 모든 것들을 진심으로 사랑하며 잘 살았을 때 비로소 아무렇지도 않게 죽음을 받아들일 수 있다고 아이는 가르친다. 그래서 나는 운동을 시작하기로 결심했다. 이따금 즐기던 담배도 완전히 끊을 작정이며, 운전할 때도 조금 더 주의를 기울일 것이다. 죽음이 두려운 건 예나 지금이나 똑같다. 그러하기에 생활 습관을 다잡기 위해 노력해보려 한다. 나를 조금 더 사랑함으로써, 피할 수 있는 죽음만은 피하고 싶다. 또한 삶을 보다 충실하고 보람되게 살아보려 한다. 흘려보낸 삶의 시간이 죽음의 표정을 만든다는 사실을 알게 되었기 때문이다.

나는 공동체와 땅과의 긴밀한 관계가
물질적인 부나 고급기술과는 비교도 할 수 없이
인간의 삶을 풍부하게 만들 수 있음을 보았다.
나는 삶의 다른 길이 가능하다는 것을 알게 되었다.
- 헬레나 노르베리 호지 『오래된 미래』

불편함이 선물하는 행복

편리함이 행복을 가져다준다고 믿는 사람들이 많다. 편리하면 여유롭고, 여유로우면 행복할 것이라는 착각 탓이다.
각종 도구와 시스템의 발달로 일 처리가 빨라지는 대신 업무량 또한 그에 맞춰 점점 늘어나고 있다. 편리함이 여유만 가져오지 않았다는 얘기다. 일을 신속하게 끝마친 후 남는 시간에 쉬라고 말하면, 샐러리맨 생활을 하는 친구들이 기가 막혀 한다. 물정 모르는 소리이기 때문이다. 하나의 일이 끝나면 다른 일이 저절로 오게 되어 있다. 절대 틈이 허락되지 않는다. 자영업자라서 자신이

만들어내는 일만 한다면야 또 모르겠지만.
어머니는 "세상 참 살기 좋아졌다. 꿈엔들 이런 세상이 올 줄 누가 알았겠느냐?"라고 입버릇처럼 말씀하신다. 그런데 하루는 "살기 좋아진 지금이 예전에 비해 행복하세요?" 여쭈었더니 답을 잘 못하셨다. 한참 후에야 "요즘은 참 각박해졌어. 예전에는 사람 사는 정이 있었는데"라고 나지막이 읊조리셨다. 어머니의 표정은 씁쓸했다. 표정에 답이 있었다.
편리함은 행복의 필수 조건이 아니다. 편리하지 않더라도 얼마든지 행복할 수 있다. 편리함은 단지 한때 만족을 줄 뿐이다. 문제는 쉽사리 만족조차 못한다는 데 있다. 많은 사람들이 사용에 전혀 문제가 없지만 새로운 제품이나 조금이라도 더 나은 성능의 제품을 가지기 위해 일을 한다. 완전히 연소될 때까지 일을 하고 그런 자신에게 선물을 한다. 그렇게 욕망의 노예가 되어 마치 그게 인생의 가장 큰 목표인 것처럼 살아간다. 내 집 마련의 꿈을 이루면 입지가 좋은 곳의 넓은 집으로 눈길을 돌리고, 멀쩡히 잘 굴러가는 자동차를 놔둔 채 크고 비싼 새것의 브로슈어를 만지작거린다. 더 큰 문제는 그 욕망의 쳇바퀴 안으로 아이들을 자연스럽게 끌어들여 물질만능주의에 젖어들게 한다는 점이다.
나는 아이를 그렇게 만들고 싶지 않았다. 불편하다고 불행한 것이 아니며 즐겁고 행복할 수도 있다는 점을 알려주고 싶었다. 그 사실을 몸소 깨달을 수 있음 직한 여행들을 통해서.

천천히 사는 행복한 삶

1999년 이탈리아의 '그레비 인 끼안티'라는 작은 도시에서 시작된

슬로시티 캠페인은 속도로 대변되는 기술문명의 발전이 아니라 인간과 환경이 조화를 이루며 천천히 사는 행복한 삶을 지향한다. 국제슬로시티연맹은 이런 이념을 바탕으로 자연과 전통문화를 보호하며 지속 가능한 발전을 모색하는 세계 각지의 마을을 슬로시티로 지정해왔다. 우리나라에는 12곳의 슬로시티가 있다. 우리는 그중 하나인 청송으로 길을 잡았다. 그곳에 하룻밤 묵기로 한 송소고택이 있었다.

청송으로 가던 도중, 우리는 인접한 안동의 풍산 오일장에 먼저 들렀다. 우리가 찾았던 10월 중순은 장에 풀리는 농산물이 가장 풍성할 때였다. 풍산읍 권역의 할머니들이 대추, 호두, 도라지, 밤, 고추, 감자, 고구마, 표고버섯 등 손수 키운 것들을 가지고 나와서 난전을 펼쳤다. 한쪽에서는 뻥튀기 장수가 연신 "뻥이오"를 외치며 흥을 돋웠다. 도시의 대형 마트와는 분위기가 전혀 달랐다.

대형 마트는 생활에 필요한 온갖 물건을 갖추고서 밤늦게까지 영업을 한다. 바쁜 현대인들이 장 보기에 대형 마트만 한 곳이 없다. 나도 애용자다. 그런데 가끔 씁쓸할 때가 있다. 도대체 인간미라고는 찾아볼 수가 없어서다. 그 대형 마트에서는 내가 단골이라는 사실을 알기나 할까. 누구도 나를 아는 체해주지 않고, 내 안부를 궁금해하지도 않는다. 나 역시 마찬가지다. 반면 재래시장은 대형 마트에 비해 장 보기가 편치 않지만 구경하고, 흥정하고, 사람을 만나서 사는 이야기를 나누는 재미가 있다.

대형 마트에 갈 때 나와 아이는 "후딱 사고 가자"고 아내를 채근하기 일쑤다. 대형 마트에는 언제든 똑같은 자리에 똑같은 물건이 진열돼 있다. 가격도 다 적혀 있다. 말 한 마디 하지 않고 장을 볼 수도 있다.

솔직히 따분하다. 풍산 오일장은 그렇지 않았다. 모든 게 새롭고 신기했다. 아이는 풍년방앗간 평상에 앉아 그 안에서 솔솔 새어 나오는 고소한 기름 짜는 냄새, 콩가루 빻는 냄새, 햇벼 도정하는 냄새 따위를 맡으며 즐거워했다. 나물 파는 할머니한테 가서는 이 나물 저 나물 이름을 물으며 호기심을 보였다. 병아리 장수는 아이가 병아리들의 이름을 일일이 물어보는 통에, 있지도 않은 이름들로 불러주느라 애를 먹었다. 그 모습을 지켜보는 내가 다 미안했다.

우리는 밀짚모자와 고무신을 식구 수에 맞게 샀다. 밀짚모자는 가을로 접어들었음에도 한낮에는 따가운 햇빛을 가리기 위해, 고무신은 욕실화로 사용하기 위해 샀다. 모두 같은 집에서 샀는데 에누리 좀 해달라니 아이가 귀여워서 선심을 쓴다며 무려 이천 원을 깎아주었다. 아이 발이 워낙 작았던지라 고무신이 좀 크긴 했다. 다행히도 아이는 전혀 개의치 않았다. 자꾸만 벗겨지는 고무신을 질질 끌며 장터를 휘젓고 다녔다.

아이들 놀이엔 목적이 없다

풍산 오일장에서 맛있는 점심까지 먹은 후, 우리는 세계문화유산으로 등재된 하회마을에도 들렀다. 하회마을은 풍산 류씨 집성촌으로서 민속생활사박물관과도 같았다. 잠자리를 하회마을이 아니라 송소고택으로 잡은 것은 아무래도 하회마을이 유명 관광지다 보니 다소 번잡했기 때문이다. 하회마을에서는 마침 탈춤축제가 열리고 있었다. 생전 처음 보는 탈춤을 아이가 지루해하지 않을까 걱정했는데 이매와 초랭이, 부네, 각시, 양반

풍산 오일장에서 우리는 밀짚모자와 흰 고무신을 구입했다.
아이는 그 즉시 그것들을 착용하고 장터를 누비며 놀았다.

등이 벌이는 우스꽝스러운 몸짓에 금세 빠져들었다.
하회마을과 탈춤 구경도 좋았지만, 아이가 가장 즐거운 시간을 보낸 곳은 따로 있었다. 병산서원 앞으로 흐르는 낙동강과 모래사장이었다. 아이는 그 강과 모래에 마음을 그만 홀딱 빼앗기고 말았다. 갈대 하나를 꺾어서 팔다리를 걷어붙이고 강으로 들어가 낚시를 하는가 하면, 고무신으로 송사리를 잡겠다고 난리를 떨었다. 아내와 나는 따뜻하게 데워진 모래사장에 앉아 가만히 그 모습을 바라보았다. 아이는 지루한 줄 몰랐다. 물에서 나와 모래사장에 성을 쌓기도 했다. 그리고 그 성에 웅덩이를 판 후 고무신으로 물을 길어다가 채웠다. 송사리를 잡아서 풀어놓을 거라고 했다. 그렇지만 물은 이내 모래에 흡수되어 사라져버렸다. 물이 스민 자국만 남을 뿐이었다. '저 바보 같은 짓을 왜 할까?' 궁금했지만, 그저 지켜보았다. 아이의 놀이여서다. 아이들의 놀이는 상식적인

병산서원 앞 모래사장과 낙동강이야말로 아이에게 가장 큰 행복을 준 놀이 공간이었다.

아이는 병산서원 앞 모래사장에서 갈대와 억새만 가지고도 즐겁게 놀았다.

인과 관계가 적용되지 않는다. 반드시 결말을 내지도 않는다. 그저 전개되고 또 전개되다가 성이 찰 때 멈춘다. 어른들은 재미를 찾기 위해 놀이를 하지만, 아이들은 재미있기 때문에 놀이를 한다. 어른들의 놀이는 그 목적이 달성되면 끝나지만, 아이들의 놀이는 목적이란 게 없기 때문에 무한히 이어진다. 온갖 상상이 중구난방으로 피어나 놀이를 채운다. 반드시 어떠해야 한다는 제약이 없으니 자유롭기 그지없다.

이 집 저 집에서 들어온 장난감, 충동구매한 장난감, 혼자인 아이가 측은해서 사준 장난감 등 집에는 장난감이 천지다. 그러나 정작 아이가 가장 좋아하는 장난감은 따로 있다. 종이 박스로 자신이 직접 만든 장난감들이다. 택배 물건이 집에 도착하면 아이는 어느새 방에서 쪼르르 달려 나와 박스를 버리지 말라고 애원한다. 요즘은 내가 아이에게 애원하고 있다. 네 박스 장난감 때문에 집이 창고가 다 되어가고 있으니 제발 이번만은 봐줄 수 없느냐고 말이다. 그동안 박스로 만든 아이의 작품은 무수히 많다. 노트북, 전자오락기, 빌딩, 인형의 집, 버스, 우주선, 유모차……. 아이는 설계부터 생산까지 전 과정을 대부분 혼자 해낸다. 내가 도와주는 것이라면 박스를 칼로 오려내는 것 정도다. 아이에게 맡겨두기에는 위험해서 요청이 오면 마다않고 해준다. 한번은 설계도를 잘못 이해하는 바람에 자르지 말아야 할 부분을 잘랐다가 아이에게 된통 혼난 적이 있다. 그럴 때 보면 아이가 어느 직장 상사보다도 무서운 것 같다.

아이가 즐겁게 잘 가지고 놀아야 좋은 장난감

밀가루도 훌륭한 장난감 재료다. 반죽을 해서 토끼, 곰, 꽃, 그릇, 포크, 나이프 따위를 만들길 좋아했다. 요즘은 뭔가를 만들기보다 밀가루 자체를 만지고 뿌리며 노는 걸 즐긴다. 밀가루놀이가 하고 싶다고 말하면 사실 덜컥 겁부터 난다. 온 집 안이 밀가루투성이가 되기 때문이다. 특히 옷에 붙은 밀가루 반죽은 잘 뗄 수도 없다. 차라리 처음부터 안 된다고 해야지, 일단 허락한 이상 얌전히 놀라고 해서는 안 될 일. 아이에게서 '밀가루놀이'라는 단어가 자주 나오지 않기만 간절히 바랄 뿐이다.

욕실 물감은 아이의 목욕 시간을 신나게 해준다. 아내는 아이의 미술학원을 알아보는 대신 마음대로 그림을 그리며 상상을 펼칠 수 있도록 1리터짜리 플라스틱 병에 담긴 욕실 물감을 색깔별로 구입했다. 뒤처리가 쉽다는 장점이 있다. 타일에 그린 다음 물을 뿌리면 말끔히 지워진다. 물감 성분은 인체에 무해한 색소여서 안심이 되었다. 아이는 욕실 타일에 우리가 함께 본 쌍무지개와 은하수처럼 인상적인 장면을 그리거나, 꿈에 본 것과 살고 싶은 미래의 모습 등을 개성적으로 묘사했다. 이따금 물감과 비누 거품 등을 섞어서 조제한 음료를 대접하기도 했다. 내게는 맥주를, 아내에게는 카푸치노를 주로 만들어준다.

사실 나도 시중에 파는 장난감에 혹할 때가 많다. '기억력 향상에 좋다' '집중력을 기르는 데 도움이 된다' '공간 감각을 키워준다' '경제 개념을 가르쳐준다'는 광고 문구를 보면 손이 저절로 간다. 아이들 교육에 도움이 된다는데 어느 부모가 흔들리지 않을까? 이런 장난감들은 가격과 상관없이 불티나게 팔린다. 우리 집에도 찾아보면 있다. 그러나 처음 샀을 때 말고는 아이가 가지고 노는

살아온 이들의 체취가 곳곳에 밴 송소고택 툇마루에 앉은 아이와 엄마.

아이가 청송 송소고택 뒤뜰에서 장대를 이용해 감을 따고 있다.
송소고택 앞 논에서 벼가 노랗게 익어가고 있었다.

모습을 본 적이 거의 없다. 비싼 돈을 주고 산 장난감에 먼지가 쌓여가는 것을 볼 때면 아이를 윽박지르게 된다고 아내는 고백한다. 비싸다고 좋은 장난감이 아니다. 아이가 즐겁게 잘 가지고 놀아야 좋은 장난감이다. 이미 만들어진 장난감에만 초점을 맞출 이유도 없다. 필요한 장난감을 스스로 만들어내는 것이 창의력 발달에 보다 도움이 된다. 그런 재료라면 자연에 널렸다. 그저 부모가 아이를 위해 시간을 조금 더 내주고, 귀찮더라도 아이의 놀이를 응원해주고, 자주 자연으로 나가기만 하면 그뿐이다. 물론 부모들에게 가장 어려운 일이라는 사실을 알고는 있다.

생활로 초대하는 집 '한옥'의 아기자기한 매력

아이가 지쳐서 그만 놀겠다는 소리가 나오고 나서야 병산서원 앞 강변에서 나와 청송으로 갈 수 있었다. 서너 시간은 족히 놀았던 것 같다. 우리는 출발하면서 1시간쯤 후에 도착할 거라고 송소고택에 기별을 넣어두었다. 이 고택은 조선 영조 때 만석지기의 부를 누린 심처대의 7대손 송소 심호택이 1880년경 지은 99칸 대가였다. 마을은 청송 심씨 집성촌으로, 송소고택 외에도 송정고택, 창실고택, 찰방공종택 등 전통가옥들로 채워져 있었다.
송소고택에 미리 연락을 취했던 것은 함실 아궁이에 군불을 때서 구들을 데워야 했기 때문이었다. 청송 심씨 11대 주손으로 송소고택을 지키는 심재오 씨는 우리를 위해 큰 사랑채를 내주었다. 그의 배려 덕분에 방 안은 훈기로 가득했다. 한옥은 일반적인 숙박 시설 이상의 의미가 있다. 한옥은 생활로 초대하는 집이다. 단순히 숙박용으로 지은 집과 달리 송소고택은 삶을 영위해온 집으로서 대대로 살아온 이들의 체취가 곳곳에 배어 있다. 그러므로 한옥에서 하루를 보낸다는 것은 그곳에서 살았던 이들의 삶을 하루 동안 그대로 따르는 일이라고 할 수 있다.

물론 공간의 편의성만 두고 따지자면 한옥은 불편하기 짝이 없다. 섬돌에 신발을 벗어두면 이슬과 비에 젖는다. 바람이 제약 없이 드나드는 툇마루와 대청마루엔 먼지가 쉽게 내려앉는다. 얇은 한지를 바른 창문은 사생활을 보호하지 못한다. 살짝 아귀가 틀어진 창으로는 황소바람이 들어온다. 온돌 바닥은 뜨겁고 이불 위로는 공기가 차다. 자기 전에 씻어야 하는데, 신발을 신고 마당 건너로 걸어가야 한다. 화장실도 마찬가지다. 한밤중에 신호가 오면 난감하다. 줄곧 아파트 생활을 해온 아이에게 한옥은 결코 적응하기 쉬운 곳이 아니다. 하지만 아이는 불편해하기보다 신기해하면서 좋아했다. 이곳저곳 기웃거리며 한옥의 아기자기한 매력에 빠져들었다. 대청에서 시원한 밤바람을 맞으며 밤늦도록 이야기도 나누었는데, 그게 유독 기억에 남았던 듯했다. 다녀온 지 한참 지났건만 자꾸 그 얘기를 했다.

이처럼 한옥의 단점이라고 생각했던 것 중에서 몇 가지는 우리에게 특별한 장점이 되었다. 특히 잠자리에 들었을 때, 빛과 소리 차단에 취약한 한지 창문이 실은 얼마나 매력적인지 알게 되었다. 한지 창문을 투과해 들어온 우련한 달빛이 적당한 조도로 방 안을 밝히며 편안한 잠 속으로 이끌었다. 또한 풀벌레 소리는 자장가처럼 달콤했다. 아파트 생활에 익숙한 도시인들은 잠을 잘 때 창을 닫고 커튼을 쳐서 바깥으로부터 들어오는 소리와 빛을 최대한 차단하려 노력한다. 행여 위층에서 조그만 소리가 들려도 예민하게 반응한다.

아이가 증도에서 염전 수차를 돌리고 있다.

평소의 생활로만 따지자면 한옥은 도무지 잠을 잘 환경이 되지 못한다. 그러나 놀랍게도 자연의 빛과 소리들은 스트레스가 아니라 편안함을 준다.
이튿날 집 앞에서 연도 날리고, 뒤뜰에서 기다란 장대로 감도 따고, 사랑채 담장에 바짝 붙어 자라는 흰 모란꽃 씨앗도 주웠다. 툇마루에 걸터앉아 햇빛바라기도 하고, 풍산장에서 구입한 고무신을 신고서 마당을 배회하기도 했다. 아이는 하는 것마다 즐거워했다. 다른 숙박업소였다면 침대에 누워 TV를 보거나 손가락이 결리도록 스마트폰 스크롤바를 내리면서 체크아웃 시간만 기다리고 있었을 게 뻔하다. 그 모습을 누군가 보았다면 따로 떨어진 섬들이 저마다 외로움을 호소하고 있었노라고 말했을 것이다. 몸은 편할지언정 마음이 공허하다면 그건 행복하다고 말할 수 없다. 반대로 몸이 조금 불편할지언정 마음이 푸근하다면 자신 있게 행복하다고 말할 수 있다. 안동과 청송에서 보낸 1박 2일은 아이에게 불편하기는 해도 즐거움이 더 컸던 행복한 시간임에 틀림없었다.
불편함이 선물하는 행복을 찾아가는 우리의 여행은 여전히 계속되고 있다. 여러 여행지 가운데 특히 청송처럼 슬로시티를 중심으로 그 행복을 만나고 있다. 힘들게 유기농으로 차를 생산하는 하동 악양과, 우리나라 최대의 염전 지역인 신안 증도에는 이미 다녀왔다. 아이는 찻잎을 따서 차를 마시며, 채염한 소금을 한 봉지 담아 오며, 소중한 먹거리를 땀 흘려 직접 생산하는 행복을 맛보았다. 다음에는 어디로 가볼까? 그곳은 아이에게 또 어떤 행복을 줄까?

자연 상태의 지구는 인간의 소용에 맞추어진 것이 아니다.
단지 야생동물과 식물의 유지에 완전히 적응해 있을 뿐이다.
- 조지 퍼킨스 마시 『인간과 자연』

더불어
산다는 것

나는 딸에게 하고 싶은 이야기를 여행이라는 수단을 이용해서 종종 자연스럽게 전하는 편이다. 여행길에 이슈가 있는 곳을 물색해서 들렀다 오거나, 아예 그것만을 위해서 일부러 시간을 내어 찾아가곤 한다. 무엇이 왜 문제인지 눈으로 직접 확인하고 느끼는 것보다 더 나은 공부는 없다고 생각하기 때문이다. 인간과 자연이 더불어 사는 문제와 관련해서도 마찬가지였다.

지구는 다양한 생물종이 한데 어울려서 살아가는 곳. 인간도 그중 하나에 불과하다. 어떤 종도 인간에게 지구를 함부로 할 권리를 위임한 적이 없다. 그럼에도 인간은 자신들이 지구의 유일한 주인인 양 행세한다. 현재의 생물종 멸종 속도는 인간이 등장하기 전에 비해 1,000배가량 빠르다고 한다. 개발 목적의 자연 파괴와 대기오염으로 인한 기후 변화 때문이다. 누군가는 그러건 말건 대체 나와 무슨 상관이냐고 물을 수도 있다. 뭘 모르고 하는 소리. 대책 없이 끌어다 쓴 은행 빚은 눈덩이처럼 불어나 결국 파산을 부르게 마련이다. "인간의 진화 과정은 지구의 역사에 있어서 하나의 비극이었고, 지구의 종말을 재촉하는 일이었다."[14] 프랑스 농부 철학자 피에르 라비의 통찰은 정확했다.

여기 우리가 찾아갔던 4개 장소가 있다. 우리는 이곳에서 가슴 아파도 했고, 희망을 보기도 했다. 바라건대 앞으로는 더 많은 희망의 장소를 만나게 되면 좋겠다.

신음하는 철새의 낙원

추석을 쇠러 제주도 시골집에 갔다가 하도리 철새 도래지에 다녀온 적이 있다. 제주도의 해안도로 건설이 얼마나 반환경적으로 진행되었는지 보여주는 대표적인 곳이었다. 설악산에서는 단풍이 곧 시작된다는 예보가 있었지만, 제주도는 여전히 여름 같던 9월 하순이었다.

하도리 철새 도래지는 해안선이 섬 안쪽으로 움푹 들어간 전형적인 만 지형이다. 용천수가 풍부해서 50년 전쯤 방죽을 쌓아 논으로 개간하려고 시도했다가 염수 유입 등의 문제로 백지화되었던 곳이다. 이곳은 철새들의 낙원과도 같았다. 새들의 먹잇감이 풍부했다. 숭어를 비롯해 각종 조개와 게, 멸치, 갯돔,

더불어 산다는 것이 무엇인지 가르치는 까치밥.
먹을 것 구하기 힘든 엄동설한에 이거라도 먹고 견뎌내라는 응원의 마음이 담겨 있다.
하도리 철새 도래지. 해안도로 건설로 물 흐름이 나빠지면서 속이 빈 댕가리만 넘쳐났다.

새우, 검정말둑 따위가 흔했다. 게다가 개간 당시 쌓았던 방죽이 바닷물은 자유롭게 드나들게 허용하면서도 큰 파도가 밀려드는 것은 막아주어 새들이 편안히 쉴 수 있었다. 주변으로 우거진 갈대와 억새는 은신처 역할을 톡톡히 했다. 그 결과 저어새와 노랑부리저어새, 알락꼬리마도요, 참매, 흰목물떼새, 황새 등 환경부가 멸종위기종으로 지정한 철새들이 부지기수로 찾아와 겨울을 났다. 아이와 이곳에 갔던 날도 해안선의 가장 깊숙한 지점에서 황새와 물떼새, 각종 오리류가 모여 먹이사냥을 하거나 한가로이 쉬고 있었다.

이곳에는 한 가지 큰 문제가 있었다. 1990년대 초반 건설된 해안도로 때문이다. 만의 입구 양쪽을 약 300m 길이의 해안도로로 연결했는데, 이 때문에 부작용이 속출하고 있었다. 비록 물이 드나드는 문을 하나 설치하긴 했지만, 해수의 유입이 원활하지 않아서 만이 저수지화되고 있었다. 물의 염도가 낮아질 뿐만 아니라 수질이 악화되어 어패류가 급격히 줄어들고 있었다. 마침 썰물 때였는데, 바닥은 온갖 부유물이 침전되어 펄과 같았다. 아이는 미끄러워서 몇 번이나 넘어졌다. 해안도로에서 가까운 지점에는 댕가리가 많았다. 그렇지만 속을 들여다보니 기가 찼다.

"아빠, 이거 마녀의 모자 꼭대기처럼 뾰족 튀어나온 데를 잘라서 쪽쪽 빨아 먹는 고둥 같은 거죠? 그런데 왜 속이 다 비어 있어요?"

살아 있는 녀석이 거의 없었고, '남의집살이'라고 부르곤 했던 작은 게들이 그 속에 들어가서 제집으로 삼고 있었다.

"물길이 막혀서 그래. 해안도로를 만드느라 높게 돌을 쌓아서 바다를 막는 바람에 물이 썩어가고 있어. 물이 드나들도록 작은 문을 하나 만들었지만, 전혀 역할을 못하고 있네. 사정이 이러면 철새들도 점점 찾아오지 않을 텐데……."

아이에게 영산강 하굿둑과 4대강 사업, 시화호 간척 등 비슷한 사례를 예로 들어서, 물을 가두는 것이 얼마나 어리석은 일이며 비참한 결과를 초래하는지 최대한 알아듣기 쉽게 설명했다. 아이는 그곳에서 이미 벌어졌거나 현재까지도 벌어지고 있는 떼죽음에 대해 알게 되자 크게 충격을 받고 슬퍼했다. 바다를 가로지를 게 아니라 해안을 잠시 벗어나더라도 돌아서 가도록 가만히 내버려 뒀다면 하도리 철새 도래지의 비극은 일어나지 않았을 일인데, 생태 환경을 전혀 고려하지 않고 도로를 건설하는 바람에 일어난 일이라 안타깝고 화가 났다. 한편, 현재 하도리 주민들은 다시금 물길을 터달라고 제주도 측에 요구 중이다. 그렇게만 된다면 자연이 스스로 생명력을 회복할 거라고 그들은 믿고 있다.

스키장과 맞바꾼 500년 원시림

2018평창동계올림픽 알파인스키장 건설 예정지도 가보았었다. 가리왕산 하봉에서 정선군 북평면 숙암리 방면으로 슬로프가 놓이는데, 당연히 산의 사면을 완전히 깎는 대공사가 진행될 계획이었다. 우리 가족은 가리왕산의 깊은 숲을 아주 좋아해서 가끔 그곳의 자연휴양림에 묵으며 쉬다 오곤 했다. 그날도 가리왕산자연휴양림으로 향하던 참이었는데, 문득 알파인스키장 건설 이야기를 들었던 게 생각났다. 가리왕산을 한 번이라도 찾았던 사람이라면 그것이 얼마나 끔찍한 소식인지 다들 공감한다. 조선 시대부터 500년 동안 일반인의 출입을 금해왔던

가리왕산 일대는 녹지자연 9등급, 생태자연 1등급의 극상림으로서 산림유전자원보호구역으로 지정될 만큼 그 가치를 인정받던 곳이다. 극상림이란 마침내 기후조건에 맞게 성숙되고 안정화에 접어든 숲을 말한다. 그런 곳에 스키장이라니?

우리가 스키장 건설 예정지를 찾았을 때는 2015년 5월 중순이었다. 아직 착공 전이었다. 숲은 온전했다. 숙암분교 기점에서 등산로를 따라 그 숲 속으로 들어가 보았다. 산을 오를수록 여러 수종의 나무들이 어우러져 숲이 깊어졌다. 나무들은 높이가 족히 20m는 돼 보일 만큼 컸다.

"이건 무슨 나무예요?" "이 꽃은요?" 아이는 새로운 나무와 꽃 들이 보일 때마다 그 이름을 물었다. 나는 모르는 것이 더 많았지만 아는 한에서 열심히 아이에게 가르쳐주었다. 사스레나무, 음나무, 들메나무, 가래나무, 물박달나무, 신갈나무, 물푸레나무, 얼레지, 양지꽃, 갈퀴현호색, 숲바람꽃…….

"슬프게도 곧 사라질 이름들이란다. 물론 이 산 다른 곳에 같은 종류의 나무와 꽃 들이 남아 있겠지만, 지금까지 네가 본 것들은 스키장이 생기면 모두 잘려나가고 여기에서는 다시 볼 수 없게 될 거야."

아이는 놀라서 눈을 동그랗게 뜨며 따지듯 물었다.

"왜 스키장을 반드시 이곳에 만들어야 하는데요?"

"높은 곳에서 스키를 타고 요리조리 깃대를 피하면서 누가 빨리 내려오나 겨루는 활강시합장을 만들 만한 곳이 여기밖에 없다더구나. 사실 용평스키장 꼭대기에 시설물을 붙여서 높이와 길이를 연장하는 방법도 있는데, 폼이 나지 않는다고 여긴

동계올림픽 스키장 건설로 가리왕산의 거목들이 속절없이 잘려나갔다.

모양이야. 활강대회는 딱 3일 동안 열리게 돼. 그러니까 겨우 3일을 위해서 나무와 꽃들이 잘려나가는 거야. 올림픽이 끝나면 절반(55%)만큼이라도 원래대로 돌려놓겠다는 약속을 받고 산림청에서 경기장 건설을 허락해줬다고 하는데, 뭘 어떻게 돌려놓겠다는 건지 아빠는 모르겠어. 500년 동안 천천히 성장한 숲이 하루아침에 뚝딱 만들어질까? 이미 잘려서 죽은 것들이 다시 살아날까?"

1시간쯤 스키장 건설의 문제점에 대해 이야기를 나누며 등산을 했는데, 아이가 조금 힘들어하는 기색이 보였다. 우리는 거기서 등산을 멈추고 왔던 길을 되짚어 내려가기로 했다. 그때였다. 딱따구리의 망치질 소리가 요란하게 온 숲에 울려 퍼졌다.

"그래, 나무와 꽃만이 아니지. 나무 구멍 파기의 달인 딱따구리, 밤의 제왕 수리부엉이, 활공의 명수 하늘다람쥐, 약삭빠른 방귀쟁이 족제비, 땅파기 능력자 두더지, 동안의 암살자 담비, 카리스마 끝판왕 삵, 눈치 100단 멧토끼, 높이뛰기 선수 고라니의 터전도 사라지는구나. 녀석들의 이주는 제대로 이루어질까? 옆 동네의 터줏대감들이 순순히 받아줄까? 자리싸움으로 누군가는 죽고 또 누군가는 쫓겨나서 떠돌이로 전락하겠지. 그나마 그것들은 떠날 기회라도 있지. 도망치기에는 너무 느린 달팽이와 지렁이 그리고 날개가 퇴화된 밑들이메뚜기는 불쌍해서 어쩌지? 우화를 코앞에 두고 영원히 잠에서 깨지 못하게 될 반딧불이와 은판나비와 매미의 억울함은 누가 풀어줄까? 사라질 이름들은 끝이 없구나. 숲이라는 보금자리는 정말 많은 생명을 품고 있었구나."

그 숲에 다녀오고 나서 한 달쯤 지났을까. 마침내 스키장 건설에 들어갔다는 소식이 들렸다. 그날 우리는 종일 마음이 울적했다. 그곳에 살았던 불쌍한 이름들이 자꾸만 떠올라서 그랬다.

시민들이 살려낸 멸종위기종

사라질 위기에서 다행히 탈출한 곳들도 있었다. 대표적인 곳이 강화도의 매화마름 군락지와 창녕의 우포늪이다. 강화도에서는 전등사와 고인돌 군락 등을 돌아보는 김에 매화마름 군락지도 찾아가 보았다.

매화마름은 미나리아재빗과의 두해살이 식물이다. 꽃은 물매화를 닮고 잎은 붕어마름을 닮아서 매화마름이다. 매화말, 미나리마름, 물바구지 등으로도 불린다. 수생식물로서 꽃을 제외한 나머지 부분은 물속에 잠겨 있다. 4~5월, 지름이 약 1cm인 하얀색 꽃이 핀다. 꽃잎은 5장이다. 달걀 프라이처럼 꽃의 한가운데만 노랗다. 예전에는 연못과 늪, 논 등에서 흔히 보였는데 이제는 좀처럼 볼 수 없게 되었다. 환경부는 멸종위기종으로 지정했다.

강화도에서 매화마름을 볼 수 있게 된 것은 전적으로 한국내셔널트러스트의 공이다. 내셔널트러스트란 사라질 위기에 처한 자연이나 문화유산을 사들여서 미래 세대에게 물려주는 비영리 민간운동이다. 시민 주체의 모금, 증여, 기부 등 적극적이고 자발적인 참여가 이 운동의 핵심이다. 1895년 영국에서 최초로 태동했고 우리나라에는 거의 100년 후인 1990년대 초반 도입되었다. 강화 매화마름 군락지, 서울 최순우 옛집, 정선 동강제장마을, 연천 DMZ 일원 두루미 휴식지, 청주 원흥이방죽 두꺼비 서식지, 성남 맹산반딧불이자연학교 등을 확보하는 성과를

매화마름이 가득히 핀 강화도 길상면 초지리 논.

올렸다.
매화마름 군락지는 1998년 5월 강화군 길상면 초지리 일대 논에서 발견되었다. 긴급하게 해당 논(3,795㎡) 매입운동을 펼침으로써, 하마터면 경지 정리로 사라질 뻔한 것을 살려낼 수 있었다. 우리가 이곳을 찾은 때는 모내기 준비로 바쁜 5월 초순이었고, 매화마름 꽃이 절정이었다. 아이는 그것이 실제로 피어 있는 꽃인지 모르고, 어디선가 날아든 벚꽃이 논을 하얗게 덮은 줄 알았다고 했다. 실제로 조금 멀리서 보면 그렇게 보이기도 한다. 이 논에서는 매화마름을 보전하기 위해 친환경 농법으로 벼농사를 짓는다. 농약을 더 이상 쓰지 않자 논은 차츰 자정 능력을 발휘해서 민물새우, 논우렁이, 곳체다슬기, 참붕어, 잉어, 미꾸라지 등이 서식할 정도로 환경이 좋아졌다. 먹잇감이 풍부해짐에 따라 저어새와 백로 등이 논으로 날아들었다. 우리가 간 날에도 백로 한 마리가 논을 살금살금 걸어 다니며 먹이를 사냥하고 있었다. 아이는 숨죽인 채 그 모습을 지켜보았다. 백로는 마치 정지 화면처럼 꼼짝 않고 한참을 서 있다가 갑자기 길고 날카로운 부리를 논바닥에 처박으며 미꾸라지를 낚아챘다. 삽시간에 벌어진 일이었다. 그 장면을 포착한 아이는 내게도 보았는지 거듭 물으며 놀라워했다. 겨우 엄지손톱만큼 작고 여린 꽃일 뿐인데, 이 꽃이 지닌 힘은 결코 시시하지가 않았다. 논에 다양한 생명의 기운을 불어넣었고, 그 덕분에 아이는 누구에게나 자랑하고 싶은 추억을 간직하게 되었다.

1억 4천만 년 전 비밀을 간직한 놀이터

창녕의 우포늪은 따로 그것만을 목적으로 찾아간 경우였다. 워낙

환상적인 풍경을 보여주는 일출 무렵의 창녕 우포늪.

드넓어서 시간적 여유를 가지고 둘러봐야 하는 곳이다. 우포늪은 우리나라에서 가장 큰 자연 내륙 습지다. 우포, 목포, 사지포, 쪽지벌이라는 4개 늪지로 구성되며 총면적이 70만 평에 이른다. 이 4개 중에서 우포늪이 가장 크고, 이들을 통틀어 우포늪이라 부른다. 우포는 낙동강의 역류 현상에 의해 생성되었다. 그 역사가 1억 4천만 년 전으로 거슬러 올라간다. 현재의 모습은 1930년대 대대제방을 쌓으면서 만들어졌다. 그 전만 해도 10개 늪이 더 있었다. 1970년대 초반부터 20여 년 동안 우포늪 개발을 두고 많은 반목이 있었다. 매립해서 공장 부지와 농경지를 확보하겠다는 측과 보존을 해야 한다는 측이 부딪혔다. 그 갈등은 우포늪이 1997년 생태계특별보호구역, 1998년 람사르협약 보존습지로 지정되면서 봉합되었다.

우리는 여름의 시작을 알리는 6월의 첫날 우포늪을 방문했다. 새벽을 틈타 그곳을 찾았을 때, 물안개에 휩싸인 우포늪은 환상적인 모습을 연출했다. 고기를 잡는 어부들이 일찍부터 나와서 전날 쳐두었던 그물을 거둬들였다. 만약 우포늪이 매립되었다면 결코 보지 못할 아름다운 풍경이었다.

우포늪에는 식물 430여 종과 조류 62종, 어류 28종, 포유류 12종 등이 어울려 산다. 그야말로 살아 숨 쉬는 생태박물관과도 같은 곳이라고 할 수 있다. 천천히 우포늪 산책길을 걷노라면 이들 생명이 하나둘씩 말을 걸어온다.

우포늪은 생물다양성의 보고일 뿐만 아니라, 대기 중의 탄소를 붙잡아 저장함으로써 지구온난화를 방지하는 데 일조한다. 가뭄과 홍수도 조절하고, 물도 깨끗하게 정화하는 등 인간을 이롭게 한다.

내가 우포늪의 장점이라고 생각하는 부분이 하나 더 있다. 즐거운 놀이터가 되어준다는 것이다. 우리는 우포늪에서 정신없이 놀았다. 사초 군락에서 첩보영화도 찍었고, 왕버들에 올라가 한숨 늘어지게 자기도 했다. 자운영 꽃밭에서 뒹굴기도 했고, 우포늪 옆으로 흐르는 개울에서는 풀잎으로 배를 만들어 띄우며 놀기도 했다. 그러다가 출출하면 오디를 따서 배를 채웠다. 우포늪에서의 하루는 정말 눈 깜짝할 사이에 흘렀다. 우포늪을 둔 갈등이 만약 보존이 아니라 개간으로 결정이 나서 봉합되었다면 결코 경험할 수 없었을 즐거운 시간이었다.

우포늪의 모든 풀과 나무와 꽃 들이 아이에겐 장신구이자 장난감이었다.

아메리카 인디언들은 어떤 결정을 내릴 때 7대 후손까지 생각했다고 한다. 숲을 개간하거나, 갯벌을 간척하거나, 강을 직선으로 뽑아 무언가를 만들면 당장에는 이득처럼 보인다. 하지만 그게 지금과 비교도 할 수 없는 첨단 기술의 시대에서 더욱 각박한 삶을 살 게 뻔한 우리 아이들을 진정으로 위하는 길일까? 아이들에게 더 필요한 건 편안히 마음을 보듬어줄 자연이 아닐까? 우리는 답을 너무나 잘 알고 있다.

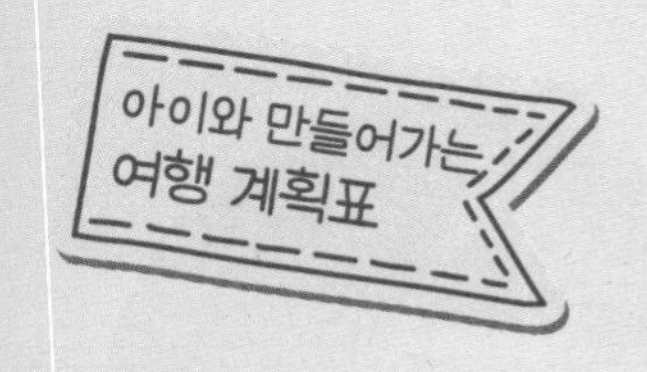

1. 죽음이 무엇인지 함께 생각해보다

여행 목적은? 죽음에 대한 막연한 공포를 떨치고, 죽음이 무엇인지 찬찬히 들여다보기.

어디로 갈까?

[본문 여행 중] 죽음의 공간을 익숙한 풍경처럼 무덤덤하게 만나볼 수 있는 고인돌 유적지 세 곳이 있다. 전북 고창군, 전남 화순군, 인천 강화도. 죽음이 자연의 순환 과정 가운데 일부라는 사실도 알려주고자 연어를 마중하러 강원도 양양군의 젖줄 남대천을 찾았다.

어떻게 할까? 이런 여행들이 '죽음'이라는 단어를 자연스럽게 입에 올리는 계기가 되었으면 한다. 죽음이 두렵지 않은 사람은 없다. 그런데 그 두려움은 '어떤 죽음을 원하는가?'라는 질문으로 어느 정도 극복 가능하다. 아이에게 자신이 죽는 순간을 머릿속에 그리도록 해보자. 아마도 그 장면을 떠올리는 것만으로도 무척 고통스러워할 텐데, 이런 죽음도 있다는 사실을 말해주자. 온 가족과 지인들이 함께 기도해주는 고마운 죽음, 모든 집착과 잡념이 눈 녹듯 사라지고 창가로 스미는 따스한 햇살 아래 입가에 잔잔한 미소를 머금으며 떠나는 평화로운 죽음, 살아생전의 헌신과 마지막 희생으로 인해 수많은 사람을 살리는 아름다운 죽음……. 이런 '멋진 죽음'을 맞이하기 위해 우리가 어떻게 해야 할지 물어보자. 죽음은 두려워한다고 찾아오지 않는 것이 아니며

'멋진 죽음'을 맞이하기 위해 오늘을 보람되게 사는 것이 현명하다는 점을 가르치자. '멋진 죽음'을 이해하게 된다면 아이의 생활은 이전과 또 다를 것이다.

2. 불편함이 선물하는 행복

여행 목적은? 편리하다고 행복한 게 아님을, 불편하다고 불행한 게 아님을 깨닫기.

어디로 갈까? 한국관광공사 한옥스테이(http://hanok.visitkorea.or.kr) 사이트에서 한옥 체험에 대한 다양한 정보를 얻을 수 있다.

[본문 여행 중] 슬로시티 중 하나인 청송의 송소고택. 이 고택은 조선 영조 때 만석지기의 부를 누린 심처대의 7대손 송소 심호택이 1880년경 지은 99칸 대가였다. 마을은 청송 심씨 집성촌으로, 송소고택 외에도 송정고택, 창실고택, 찰방공종택 등 전통가옥들로 채워져 있다.

어떻게 할까? 무조건 하룻밤을 지내봐야 한옥의 진가를 알 수 있다. 편리하자고 만든 인공의 빛과 소리가 우리를 불면의 밤으로 이끄는 반면, 한옥의 창으로 새어 들어오는 자연의 달빛과 풀벌레 소리는 우리를 숙면의 밤으로 이끈다.

3. 더불어 산다는 것

여행 목적은? 지구는 생명을 가진 모든 것들의 터전. 인간은 더부살이할 뿐이라는 사실 가르치기.

필요한 것은? 역지사지의 자세. 미래를 걱정하는 마음.

주석

1 말콤 버드, 『마녀백과사전』, 정지인 옮김, 청어람미디어(2007).

2 아이가 유치원에 다녔을 적에 영어 교사가 유치원에 주 2회 방문해서 영어를 가르쳤다. 영어 교사가 아이에게 지어준 이름이 '앨리스'이기도 하다.

3 프리드리히 니체, 『즐거운 학문/메시나에서의 전원시/유고』, 안성찬 · 홍사현 옮김, 책세상(2016). p.281. 「즐거운 학문」 4부 304절.

4 한영식, 『반딧불이통신』, 사이언스북스(2008), pp.48~55.

5 『나는 왜 너가 아니고 나인가』, 류시화 엮음, 김영사(2003), pp.889~900.

6 쇼펜하우어, 『세상을 보는 방법』, 권기철 옮김, 동서문화사(2012), p.786.

7 롤랑 바르트, 『카메라 루시다』, 조광희 옮김, 열화당(1998), p.21.

8 빈센트 라이언 루기에로,『생각의 완성』, 박중서 옮김, 푸른숲(2011), p.314.

9 올리버 색스, 『목소리를 보았네』, 김승욱 옮김, 알마(2012), p.105.

10 메리 올리버, 『완벽한 날들』 中 「가자미, 아홉」, 민승남 옮김, 마음산책(2013), p.134.

11 '호조니'는 조화로움과 아름다움을 축원할 때 쓰는 인디언 말이다.

12 한국환경생태학회 학술대회논문집 19(2)(2009),「북한산국립공원 우이령길의 생태적 특성을 고려한 탐방로 조성방안 연구」, 조우 · 김지석 · 김종엽 · 이경재, p.114.

13 클레어 워커 레슬리 & 찰스 E.로스 지음, 박현주 옮김, 검둥소(2012).

14 피에르 라비 & 니콜라 윌로, 『미래를 심는 사람』, 배영란 옮김, 조화로운 삶(2007), p.52.

아이가 보내는 신호들

01

아이가 한 살이면 엄마도 한 살

최순자 지음 / 13,000원

영유아 부모를 위한 발달심리 가이드
'아이 발달'의 키워드를 풀어낸다. 저자가 일본 유학 생활을 비롯해 약 25년간 영유아 교육을 연구한 것과 국제 공동연구 결과를 토대로 하였다. 유아교육, 보육 현장을 보면 한국에 비해 일본이 육아의 본질을 놓치지 않고 있다. 자발성과 사고력 발달을 중시하는 교육이다. 매순간 자라나는 아이는 한시도 기다려주지 않으므로 내 아이의 발달과 행동, 마음을 파악하고 정성으로 양육해야 한다.

아이와 자꾸 싸워요

02

스스로 공부하는 아이를 위한 마음코칭

김은미 지음 / 12,000원

엄마, 내 마음을 만져줘
부모의 역할은 아이에게 숨겨진 재능을 찾아 그것을 가치 있게 만들어 창의적이고, 행복한 삶을 살도록 돕는 것이다. 왜 공부해야 하는지, 공부를 잘하게 하려면 부모가 어떻게 해야 하는지 알기 위해 엄마부터 마음코칭 받도록 하고, 이를 통해 아이를 키우는 데 도움이 되고자 한다. 부모 노릇을 마냥 어렵게만 느끼는 분들이 아이의 마음을 들여다보고, 상처를 만져주며 감격적인 소통을 할 수 있을 것이다.

엄마 난중일기

03

내 쓸쓸함을 아무에게도 알리지 마라

김정은 지음 / 13,000원

취미는 남편 걱정, 특기는 자식 걱정, 휴일도 없는 극한직업 '엄마'
사람들 사는 모습은 외양과 조건만 다를 뿐 속사정은 어떤 보편성을 띈다. 저자는 남이 사는 모습에서 주제를 포착해 자신에게 적용해보면 고민을 해소할 수 있지 않을까 희망한다. 그래서 여기 놓인 자신의 삶을 참고삼아 당신들만의 정답을 찾아보라고 솔직하게, 친근하게, 수다스럽게 말을 건넨다. 아이들 다 키우고 상실감에 빠진 엄마, 엄마 은퇴선언할 날을 기다리는 동지라면 즐겁게 공감할 내용이다.

발도르프 육아예술 04

조바심·서두름을 치유하는 거꾸로 육아

이정희 지음 / 14,000원

43가지 발도르프 육아 이야기
철저히 아이 본성에서 출발한 루돌프 슈타이너의 발도르프 교육론과 헝가리 소아과 의사 에미 피클러의 영아 발달론을 바탕에 두었다. 아이의 발달과 인권을 존중하는 양육 관점, 보호막 형성이 중요한 구체적 근거, 상상력과 언어 발달에 바람직한 양육 방식, 선행학습·조기교육을 멀리해야 하는 근본 이유 등 육아 고민을 해결할 결정적 단서들을 담았다. 각 글 뒤에는 육아 실전에 적용할 Q&A가 이어진다.

아빠도 아빠가 처음이라서 05

고래아빠의 엄마챙김 육아 이야기

정용선 지음 / 13,000원

아빠들이여! 육아가 어렵다면 먼저 엄마를 돌봐라
초보부모에게 필수인 정보부터 육아 철학도 이야기하는 책. 임신기부터 아빠의 참여를 강조하고, 엄마가 주양육자일 때 아빠의 역할을 제시한 '엄마챙김 육아'와 저자의 전공 분야인 심리학, 심리치료이론을 쉽게 소개했다. 자연주의 출산의 체험 후기와 아이의 신체·심리 발달과 성장 과정의 특징을 담았다. 아기와 예비부모가 정서적으로 교감하면서 부모-자녀 관계의 질을 높여줄 것이다.

발도르프 아동교육 06

발달 단계의 특성에 기초한 교육

루돌프 슈타이너 지음·이정희 옮김 / 12,000원

아이의 첫 번째 환경은 사람이다
유네스코는 '모두를 위한 교육'으로 추진한 일명 '프로젝트 스쿨'의 성공 사례로 발도르프학교 모델을 주목했다. 1907년 처음 발간된 이 책은 인지학적 교육에 관한 루돌프 슈타이너의 첫 강연과 '정신과학에서 바라본 학교문제'를 주제로 한 강연 원고 두 편을 담고 있다. 그의 교육학적 생각들이 처음 요약된 것으로 슈타이너의 저작 가운데 중요한 부분을 형성한다.

77년생 엄마 황순유 07

일과 육아 사이에서 찾아낸 가장 이상적인 삶의 합의점

황순유 지음 / 13,000원

엄마를 웃게 하고 꿈꾸게 하는 생활에세이
'황순유의 해피타임907'의 DJ, 아이와 함께 꿈꾸며 성장하고 아이와 독립된 자신의 꿈을 향해 가는 엄마. 워킹맘이라기엔 동네 놀이터에서 이웃 엄마들과 보내는 시간이 길어 공감할 일상이 넘치고 전업주부라기엔 다소 화려한 직업생활을 해온 저자의 현실 육아와 일 이야기에는 함께 울고 웃으며 고개를 끄덕이게 하는 묘한 힘이 있다.